JN035034

はじめに

調理従事者の方々にとって、安全で安心できる食事をお客様に提供することは、最大の使命であり責任です。食中毒事故を起こすことはお客様の命を脅かすばかりか、それこそ経営面でも命取りになりかねません。

また食中毒は、レストランや旅館などの飲食店で発生するだけではありません。食中毒予防の正しい知識がないことで、一般家庭でも起こる危険性はあります。家庭においても、安心して美味しい食事がとれることは幸せの基本でもあるでしょう。

本書では、人に食中毒を起こさせる代表的な細菌 10 種を中心に、食中毒事故の原因物質として上位を占めるノロウイルスのほか、アニサキスなどの寄生虫についても取り上げ解説しています。

全編にわたり、4コママンガやイラストをたくさん使用することで、わかりやすくかつ親しみやすく食中毒菌およびウイルスについて学んでいただけるよう工夫いたしました。食品衛生の基礎的な知識が得られる内容となっていますので、栄養学や衛生学等を学ぶ方の学習書としても最適です。

各章のはじめには、それぞれの菌の特徴や予防方法などを、ひと目でわかるようにイラストを中心に見開きで載せています。職場やご家庭で、食中毒菌およびウイルスの特徴や予防のポイントについて知りたいときなど、手元に置いておくと必要なときにはすぐに確認していただくことができます。

つづく本文では、各菌の「歴史・経緯」、「特徴」、「感染経路」、「症状・治療」、「予防」について詳しく解説していますので、より専門的に理解を深めていただけるでしょう。食中毒や細菌に関する基本的な用語で、特に重要なものについては巻末の用語解説でわかりやすく説明をしていますので参照してください。

「予防」の項でくり返し述べていますが、食中毒予防の基本となる３原則は「病原微生物をつけない・増やさない・やっつける」です。HACCP の危害要因分析であげられる管理方法（一般衛生管理、重要管理点）にも食中毒予防の３原則が含まれています。

まず食中毒の原因となる細菌やウイルスの性質を正しく知り、以上の３原則を徹底すれば、ほとんどの食中毒事故は防止できます。本書をいつも身近なところに置いていただき、くり返し読むことで、職場でも家庭でも食中毒事故０（ゼロ）の実現にむけてご活用ください。

令和６年２月

伊藤　武

目次 CONTENTS

はじめに……i
食中毒の分類……iv
1 腸炎ビブリオ食中毒……1
2 サルモネラ食中毒……9
3 病原大腸菌食中毒（腸管出血性大腸菌を除く）……17
4 腸管出血性大腸菌食中毒（O157 を中心に）……23
5 カンピロバクター食中毒……31
6 エルシニア食中毒……39
7 ウエルシュ菌食中毒……45
8 セレウス菌食中毒……53
9 黄色ブドウ球菌食中毒……61
10 ボツリヌス菌食中毒……69
11 ノロウイルス食中毒……77
付録1　3類感染症と食中毒……85
付録2　食品媒介寄生虫……91
用語解説……98

食中毒の分類

食中毒には，細菌性食中毒，感染症による食中毒，ウイルス性食中毒，寄生虫や化学物質，自然毒による食中毒があります。その体系図は以下の通りです。

- 食中毒
  - 細菌性食中毒
    - 感染型
      (常在場所等) → (原因食品の例)
      - 腸炎ビブリオ → 海水・海の汚泥，魚介類等 → さしみ，寿司など
      - サルモネラ → 鶏，牛，豚，その他動物 → 食肉，鶏卵，サラダなど
      - 腸管出血性大腸菌 → 牛，羊，その他動物 → 食肉，挽肉，サラダなど
      - その他の病原大腸菌 → ヒト，動物 → 食肉，サラダ等加工・調理食品
      - カンピロバクター → 動物，鳥類 → 鶏肉(生食)，食肉，未殺菌の飲料水など
      - エルシニア → 食肉・家畜，ネズミ → 食肉(生食)，加工品
      - リステリア → 動物 → ナチュラルチーズ，生ハムなど
      - ウエルシュ菌 → ヒト，動物 → 食肉・同加工品，煮物，カレー，シチューなど

      感染型には上記の他にナグビブリオ，エロモナス，プレジオモナスなどがあります。
    - 毒素型
      - セレウス菌(おう吐型) → 土壌等環境，穀類，野菜など → スパゲティ，焼飯，サラダなど
      - 黄色ブドウ球菌 → ヒトの化膿創・傷，牛等の体表 → 弁当，おにぎりなど
      - ボツリヌス菌 → 土壌(海，河川，湖，耕地)，動物 → いずし，真空包装された食品など
  - 感染症による食中毒
    - 3類感染症 ― チフス菌，パラチフスA菌，赤痢菌，コレラ菌，腸管出血性大腸菌(O157，O26，O111など)
  - ウイルス性食中毒
    - ノロウイルス，サポウイルス → ヒトの腸管内 → 調理食品(パン，寿司等)，二枚貝(カキなど)
    - A型肝炎ウイルス → 井戸水，二枚貝(カキなど)
    - E型肝炎ウイルス → 豚肉・レバー，ジビエ料理
  - 寄生虫による食中毒
    - アニサキス → 魚のさしみ
    - クドア → ヒラメのさしみ
    - サルコシスティス → 馬肉(生食)
    - 旋毛虫 → 豚，クマなどジビエ料理
    - クリプトスポリジウム → 飲料水
  - 化学物質による食中毒
    - 化学物質の食品中への不適正混入 → 殺そ剤，農薬，殺菌剤など
    - アレルギー様食中毒(ヒスタミン) → 腐敗細菌 → サンマ，ミリン干し，赤身魚など
  - 自然毒食中毒
    - 動物性 → フグ，毒カマス，貝など
    - 植物性 → 毒キノコ，じゃがいもの芽，トリカブト，スイセンなど

1 Vibrio Parahaemolyticus
腸炎ビブリオ食中毒

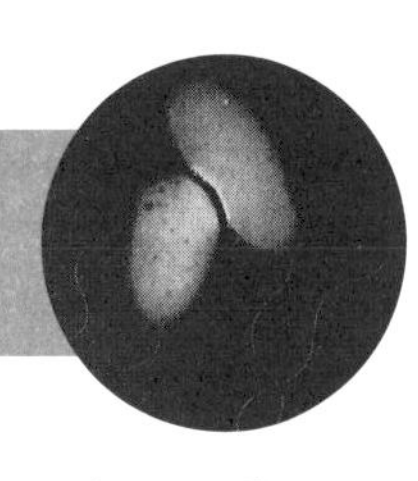

夏が来ると、急激に増加して大暴れ。
海水中に生息し、沿岸で獲れた魚介類、
さしみ等に付着し、増殖する。
魚介類により汚染された調理器具にも注意。

腸炎ビブリオの特徴

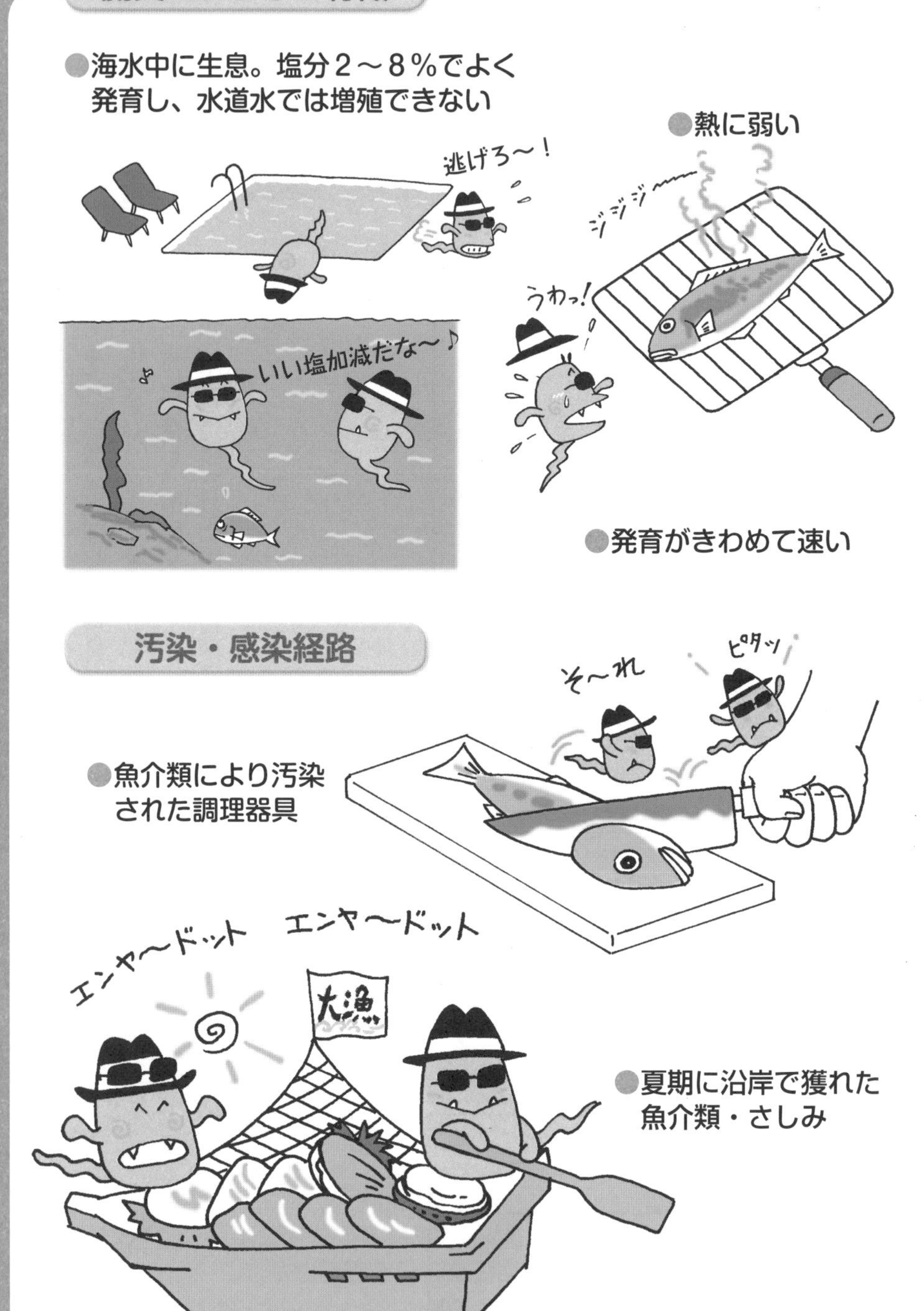

海水中に生息。塩分２～８％でよく
発育し、水道水では増殖できない
逃げろ～！
いい塩加減だな～♪
熱に弱い
ジジジ～
うわっ！
発育がきわめて速い
汚染・感染経路
そ～れ
ピタッ
魚介類により汚染
された調理器具
エンヤ～ドット　エンヤ～ドット
大漁
夏期に沿岸で獲れた
魚介類・さしみ

発病までの時間・症状

●平均 12 時間　●さしこむような腹痛、激しい下痢、吐き気、おう吐、発熱

食中毒の予防ポイント

●魚介類は真水で洗浄

●魚介類は 10℃以下、生食用鮮魚介類は 4℃以下で保存

●調理後のさしみや寿司は、速やかに食べる（2 時間以内）

●調理器具類、手指は十分に洗浄・消毒（二次汚染の防止）

歴史・経緯

日本で発見された食中毒菌

腸炎ビブリオは，1950（昭和 25）年に大阪府の南部で発生したシラス食中毒事件を通じて，世界で初めて発見された食中毒菌です。この食中毒事件は患者数 272 名，うち死者が 20 名にも達する大型の食中毒となりました。

その後，1955（昭和 30）年には，神奈川県内の国立病院できゅうりの浅漬けが原因と思われる食中毒が発生し，入院患者と病院職員あわせて 120 名が発症。この食中毒の原因菌を調査していたところ，それまで知られていなかった好塩性の細菌が発見され，この菌と大阪府のシラス食中毒の原因菌が同じであることが判明しました。

また，1960（昭和 35）年には，東京，神奈川を中心に大平洋沿岸地域で頻発したアジによる食中毒の原因菌が，シラス食中毒と同じ細菌であったことが確認され，病原性好塩菌として注目を集めました。

これら一連の食中毒事件の後，1963（昭和 38）年になって，本菌がビブリオ属であることが証明され，腸炎ビブリオと名づけられました。

特徴

海中にすみ，夏期に活発に

腸炎ビブリオは好塩性で，沿岸海域や河川が海に流れ込む水域（いわゆる汽水域）に生息しています。海水温が 20℃を超えると，盛んに増殖するので，夏期には，海水から容易に検出することができます。このため，海水温情報は腸炎ビブリオ食中毒の発生時期を予測，警告することに役立ちます。しかし，海水温が 15℃以下となる冬期には，海水からはほとんど検出されませんが，海泥からはしばしば検出されますので，海泥やプランクトンに付着し越冬していると考えられています。

海中に分布する腸炎ビブリオの大部分は非病原性ですが，一部の腸炎ビブリオが特殊な溶血毒素を産生し，ヒトに食中毒を起こします。

細菌の一般的性質として，熱には弱いことがあげられますが，腸炎ビブリオは食中毒菌のなかでも特に熱に弱く，60℃では15分ぐらいで，100℃では数秒で死滅してしまいます。また，低温では活動が鈍り，10℃前後では増殖能力が相当低下し，５℃以下ではほとんど増殖できませんが，死滅することはありません。また増殖に適した水素イオン濃度（pH）は８ぐらいで，アルカリ性でよく増殖します。反面，酸性に片寄った状況では増殖能力は低下し，pH4 以下では短時間で死滅します。

腸炎ビブリオは，かつて病原性好塩菌と呼ばれていた通り，塩分を好み，通常２～８％の食塩濃度で増殖し，特に３％の食塩濃度（海水の食塩濃度とほぼ同程度）でもっともよく発育します。しかし，塩分の含まれない真水にはきわめて弱く，水道水などで十分洗うことで，腸炎ビブリオの菌数を大きく減らすことが可能です。

また本菌は増殖の速い細菌のため，栄養，水分，温度などの条件が揃った好環境では，８～９分ごとに分裂するため，少量の菌数が２～３時間後には数万から数十万個に達するといわれています。

ここで腸炎ビブリオの特徴を整理すると次のようになります。

① 沿岸海域に生息しており，増殖は海水温の影響を受ける。
② 熱にきわめて弱い。
③ 低温では増殖が鈍る。
④ 酸性の状態では増殖が鈍る。
⑤ 食塩を好むが真水には弱い。
⑥ 増殖能力がきわめてすぐれており，短時間で急速に増殖する。

海水が大好き

これらの特徴は，腸炎ビブリオ食中毒の予防対策上重要な意味をもっています。

感染経路  魚介類の生食に注意！

腸炎ビブリオは海水中にいるため，汚染の出発点は海産物，特に魚介類です。夏期になると，近海産のアジやサバ，タコ，イカ，ばか貝（舌切り，アオヤギ），アカガイなどの体表・内臓・エラなどに付着しています。この菌が付着した魚介類を，生食用のさしみや寿司，たたき等に調理する際に菌が食材に移行し，時間の経過とともに増殖して食中毒を引き起こす場合と，魚介類に付着した腸炎ビブリオが冷蔵庫内，まな板，ふきん，包丁，調理する人の手指などを介して他の食塩を含んだ食品を汚染し，その汚染された食品により食中毒を引き起こす場合があります。

魚介類からの二次汚染に注意

特殊な事例としては，魚を流水で洗浄していた近くに，塩漬けしたきゅうりもみを置いていたため，魚の洗浄水の水滴といっしょに腸炎ビブリオがきゅうりもみに付着し，事業所給食で大規模な食中毒が発生した例などがあります。

症状・治療

激しい腹痛と下痢

潜伏期間は通常10～24時間程度ですが，ときには2，3時間という短い場合もあります。主要な症状は，腹痛，下痢，吐き気，おう吐，発熱（通常40℃以下）など，やや重症です。

腸炎ビブリオ食中毒の特徴は，激しい腹痛と下痢であり，特に腹痛はさしこむような激痛で，猛烈な苦しさを伴います。下痢は，通常水様性便ですが，ときには粘液便，血便を伴うこともあり，赤痢患者とまちがえられることもあります。また，激しい下痢が何回も続くため，脱水症状を起こし死亡する例もみられます。

なお，非常にまれですが，海水浴などでの創傷感染，中・外耳炎，敗血症などの感染症を起こす場合もあります。治療は，早い時期に医師の手当てを受ければ死亡するようなことはなく，通常2～3日で回復しますが，正常便になるまでには1週間程度かかります。

予防

真水でよく洗い，速やかに食べる

腸炎ビブリオ食中毒が起きる原因は，汚染された海産魚介類が触れたまな板，ふきん，手指などを介する二次汚染がもっとも多く，次いで本菌による海産魚介類の高濃度汚染，そして微量の汚染でも，比較的短時間でも室温に放置することで，菌が急激に増えることです。

したがって，腸炎ビブリオ食中毒の予防は，「温度管理」が最大のポイントです。本菌は4℃以下では増殖しないことから，魚介類を保存するときは，冷蔵庫のチルド室（0～4℃）を活用することです。

予防のポイントは次頁の通りです。

真水でよく洗おう

① 魚介類の汚染防止

・魚介類は捕獲から調理直前まで，低温流通を徹底させる。

・魚介類は調理前に真水の流水でよく洗う。

・調理後，できるだけ速やかに食べる（2時間以内）。あるいは 10℃以下（生食用鮮魚介類は４℃以下）で保存する。

・生食する場合は「生食用」等の表示のあるものにする。

② 二次汚染の防止

・使用した調理器具は，洗剤を使ってよく洗い，熱湯などで殺菌する。

・まな板やふきん，包丁は，魚介類専用のものを使う。

・魚介類は他の食品と接触しないよう，冷蔵庫に保管する。

腸炎ビブリオ食中毒は，事件数，患者数ともに長年わが国のトップを占めていました。このため，厚生労働省は，腸炎ビブリオ食中毒の発生を防止することを目的に，2001（平成 13）年に食品の規格基準を改正しました。改正した規格基準では，生食用鮮魚介類は１g 当たり腸炎ビブリオが 100 個以下，ゆでだこ，ゆでがには腸炎ビブリオは陰性でなければならないとしました。また，加工に使用する水や加熱後の冷却の基準等もあわせて定めました。さらに，10℃以下で保存することや生食用鮮魚介類は４℃以下で保存するよう推奨することなど衛生管理の強化が行われました。

基準の制定や食品を取り扱う事業者の衛生管理対策の徹底により，腸炎ビブリオ食中毒の発生件数は，現在年間 10 件程度にまで低下しています。とはいえ，海水中には本菌が多数生息していますので，これまでどおり，法令を守って基本的な衛生管理を徹底することです。

2 Salmonella
サルモネラ食中毒

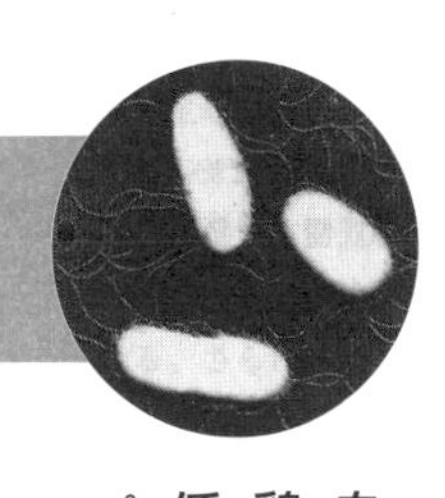

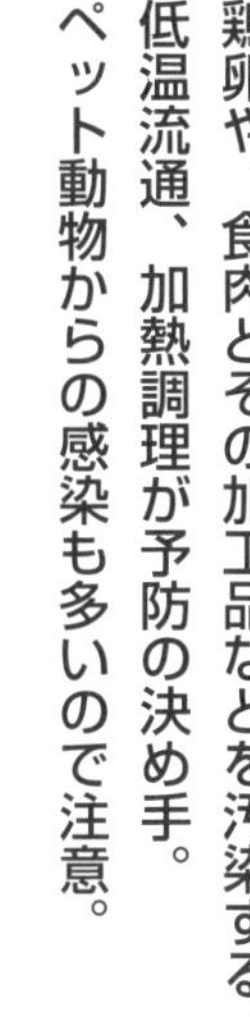

自然界に広く分布。
鶏卵や、食肉とその加工品などを汚染する。
低温流通、加熱調理が予防の決め手。
ペット動物からの感染も多いので注意。

サルモネラの特徴

●低温、乾燥に強く、熱に弱い

●ヒト、家畜・鶏の糞便、そ族・昆虫に広く分布

汚染・感染経路

●主として鶏卵・食肉類とその加工品、
淡水魚

●ペット（ミドリガメ、イヌなど）からの感染

発病までの時間・症状

● 12 ～ 48 時間（菌種により異なる） ●悪心、へそ周辺の腹痛、下痢、おう吐、発熱 ●長期間排菌

食中毒の予防ポイント

●食肉やレバーは生食を避け、75℃・１分間以上の加熱調理

●生肉処理後の器具、手指は十分に洗浄・消毒し、二次汚染を防止

●卵や生肉は 10℃以下（できるだけ４℃以下）の低温管理

●ペットに触れたあとはよく手を洗う

歴史・経緯　大勢の仲間がいます

サルモネラは，1885（明治18）年にアメリカで豚コレラからこの菌を発見した細菌学者のサルモン（Salmon）から名づけられました。1888（明治21）年には子牛肉による食中毒から，この細菌（ゲルトネル菌）が食中毒の原因となることが明らかになりました。

サルモネラは大腸菌などと同じ仲間の腸内細菌です。サルモネラという名称は一般名で，正しくはサルモネラ属菌ともいいます。サルモネラ属菌は種や亜種，それに血清型と呼ばれる分類があり，血清型による分け方では，2,500型ほどあります。腸チフスやパラチフスの原因菌であるチフス菌やパラチフスA菌もサルモネラの一血清型です。これら以外のサルモネラは，通常はヒトからヒトへ感染せず，食物中で1g中に10万個以上に増えた菌をヒトが食べると，急性胃腸炎を起こすのです。ただし，乳幼児や学童，高齢者では100個程度で食中毒を起こします。ゲルトネル菌（*S.*Enteritidis），ネズミチフス菌（*S.*Typhimurium），インファンティス菌（*S.*Infantis）などがその代表です。

サルモネラは乾燥に強いことや自然界に広く分布する細菌であることから，ときどき大規模な発生がみられます。1998（平成10）年には「イカ乾燥製品」がオラニエンブルク菌（*S.*Oranienburg）に汚染され，46都道府県で1,634名の患者が発生しました。サルモネラの汚染菌量が製品1g中に数千個程度であったために多くの患者は幼児や学童でした。イカ加工工場の衛生管理が劣悪で，工場のいたるところからサルモネラが検出され，約6ヶ月間にわたり流行しました。

サルモネラ食中毒は1989（平成元）年頃より，国内に流通する鶏卵がゲルトネル菌で汚染されていたため増加傾向を示し，1999（平成11）年頃には事件数330件，患者数12,000名となりました。その後厚生労働省，農林水産省，養鶏場，飲食店などで各種の対策により減少しています。

特徴  どこでも生きるタフなヤツ

サルモネラは細長い棒状の形をしており，その周囲に鞭毛と呼ばれる運動器官を備えています。大きさは1,000分の1～3mm程度です。鳥類の感染症を起こす，ひな白痢菌と呼ばれるサルモネラには鞭毛がありませんが，大部分のサルモネラはすべてこうした形をしています。大腸菌の多くも，これと同じ形をしており，形態的には区別がつきません。

大腸菌と同じ仲間

サルモネラをはじめ腸内細菌は熱に対しては弱く，牛乳の殺菌法として有名な低温殺菌法（パストリゼーション，62～65℃・30分間加熱）によって死滅します。したがって，完全に加熱調理して二次汚染のない食物ならば，サルモネラ食中毒が発生することはありません。

しかし，実際の本菌食中毒の原因食品がすべて未加熱食品によるかというと，必ずしもそうではなく，加熱調理した食品が原因であることのほうが多いのです。それは加熱不十分で菌が完全に死滅しなかったか，二次汚染によることを意味しています。

一方，10℃以下ではほとんど増えませんが死滅することはありません。温度が20℃以上になるとよく増殖し，37℃前後では20分に1回の割合で分裂しながら増えていきます。つまり条件がよければ20分で2倍になります。したがって1個の菌が5時間半で10万個に，7時間弱で100万個になるのです。乾燥に対しての抵抗性も強く，下水や汚泥中のサルモネラはそれらを乾燥させてもほとんど死滅することなく，1年

以上生残することが確認されています。発生時期は６～９月の夏期に多く，冬期には少なくなりますが，腸炎ビブリオ食中毒のように極端に夏期にのみ発生するのではなく例年冬期での発生もみられています。

感染経路  家畜や家禽（きん），ペットにも注意！

サルモネラは，ヒトや動物に急性胃炎を起こす，いわゆる動物由来感染症の原因菌のひとつです。たとえば，チフス菌やパラチフスＡ菌もサルモネラに含まれ，これらはヒトにチフス症を起こします。一方，ネズミチフス菌はネズミにチフス症を起こしますが，ヒトの場合，急性腸炎で済むことがほとんどです。

このように血清型によってヒトに病気を起こしやすいもの，動物に病気を起こしやすいものとさまざまですが，一部の血清型が動物，特にウシやブタなどの家畜，ニワトリやアヒルなどの家禽のなかで保菌されることがあります。サルモネラが食中毒の原因となるのは，こうした保菌状態にある家畜や家禽によって畜産物などの食品が汚染されるためです。たとえば，流通する牛や豚の挽肉のサルモネラ汚染率は５％以下，鶏肉では半数くらい汚染されているとの報告があります。

卵内が汚染されていることも

おもな原因食品は，牛，豚，鶏などの食肉，鶏卵などです。特に家禽は他の家畜よりもサルモネラ保有率が高く，ゲルトネル菌を保菌する産卵鶏が産んだ卵では，卵内がゲルトネル菌で汚染されていることがあり，これまでに，生卵，卵焼き，オムレツ，手作りケーキ，手作りマヨネーズ，丼物などによる食中毒が起きていました。近年，卵の衛生管理が向上し，厚生労働省の資料によると，ゲルトネル菌食中毒は10件前後に減少してきました。

もうひとつ重視しなければならないのが，ペット動物のサルモネラ保菌です。特に，小児への感染源としてミドリガメの本菌保菌は重要な問題であり，米国では1970～71（昭和45～46）年にミドリガメが関連したとみられるサルモネラ症が28万人にも達したと推定され，いかに危険性が大きいかを認識させられました。

わが国の場合も例外ではなく，ミドリガメのサルモネラ調査で，50%以上が保菌し，しかも長時間にわたって本菌を多量に排菌することが明らかにされています。

症状・治療　下痢，へそ周辺の腹痛，高熱など

本菌の潜伏期間はおおむね12～48時間ですが，個体や摂食量によっては，早いもので4時間，遅いもので100時間以上の場合もあります。

おもな症状は，下痢，へそ周辺の腹痛，悪感，発熱，おう吐，頭痛などで，ときには脱水症状を伴います。このような症状が1～4日続きます。死亡率は0.1～0.2%で，死因は内毒素によるショック死であることが多く，死亡例は老齢者および小児が多いとされています。しかし，ふだん健康な人の死亡例もありますので注意しなければなりません。感染初期もしくは軽症の場合は，整腸剤や補液による対症療法を行い，重症例等の場合には必要に応じて抗生物質の投与を行いますが，対象となる菌の薬剤耐性に注意する必要があります。

予防　食品の十分な加熱と保菌者にも注意

わたしたちをとりまく環境には広範にサルモネラが分布していて，完全に排除することは不可能といえます。と畜場のサルモネラ汚染にしても，施設全体が高率に本菌の汚染を受けているとすれば，食肉への本菌汚染を皆無にすることはできないでしょう。

ただ，仮に汚染していてもサルモネラは大腸菌と同様に熱に弱い性質をもっていますので，調理にあたっては十分な加熱処理をすることで食中毒を防ぐことができます。

予防のポイントは以下の通りです。

① 食肉や卵は，十分に加熱する。

② まな板，包丁，ふきんなどはよく洗い，熱湯や次亜塩素酸ナトリウム等で殺菌する。

③ 卵の割り置きをしない。

④ 調理後は早めに食べる。

⑤ ペットに触れたあとはよく手を洗う。

⑥ サルモネラに感染しても無症状の健康保菌者が 0.05% 程度認められることから，定期的に検便を実施する。サルモネラ陽性者は陰性になるまで食品を取り扱わない。

また，鶏卵によるサルモネラ食中毒に関しては，賞味期限などの表示が義務化されたほか，「食品の製造，加工または調理に使用する鶏の殻付き卵の基準」，「鶏の液卵の規格基準」，「卵選別包装施設の衛生管理要領」および「家庭における卵の衛生的な取扱いについて」が定められ，総合的対策が推進されています。

3 Escherichia coli

病原大腸菌食中毒

（腸管出血性大腸菌を除く）

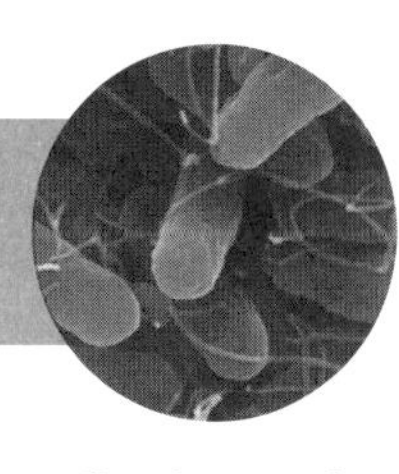

食品や飲料水を介して、
ヒトに下痢や胃腸炎を起こす大腸菌。
病原性の違いで、5種類に分類される。
乳幼児は重症化のおそれがあるので要注意！

病原大腸菌（腸管出血性大腸菌を除く）の特徴

- 病気を起こす仕組みにより5つに分類

汚染・感染経路

- ヒトや動物の糞便に直接・間接的に二次汚染されたさまざまな食品

- 保育園などでの接触感染

発病までの時間・症状

- 菌種により異なる
- 下痢、腹痛、発熱、おう吐
- 毒素原性大腸菌感染症で脱水症状がある場合は輸液が必要

食中毒の予防ポイント

- 生野菜はよく洗う
- 井戸水や簡易水道は適確に塩素消毒
- 低温管理、加熱調理の励行、特に牛肉は中心部までよく加熱（75℃・1分間以上）

牛レバーは生食用として販売・提供を禁止
豚肉・豚内臓も

- 調理器具、手指の洗浄・消毒（二次汚染の防止）

病原性のある大腸菌の発見

大腸菌は，家畜やヒトの腸管内にも存在し，ほとんどのものは無害です。しかし，いくつかのものは，ヒトに下痢などの胃腸炎症状や合併症を起こすことがあり，病原大腸菌（下痢原性大腸菌）と呼ばれ，古くから知られています。

1920年代にアダムにより大腸菌が乳幼児に下痢を起こす疑いがあることが報告され，1933（昭和８）年にゴールドシュミットが胃腸炎症状のある乳幼児から分離した大腸菌株に血清学的な特徴がみられることを示しました。1945（昭和20）年にはブレイがイギリスで起きた乳幼児下痢症の集団発生について，特定の血清型の大腸菌がこの下痢症と疫学的な関連があることを報告しました。その後，特定の血清型の大腸菌と乳幼児，また，成人の下痢症との関連が次々と報告されましたが，1970年代より下痢症に関わる大腸菌のさまざまな病原因子が明らかにされてきました。

現在ヒトに下痢を起こさせる大腸菌は，病原大腸菌（下痢原性大腸菌）と呼ばれ，主に腸管病原性大腸菌，腸管組織侵入性大腸菌，毒素原性大腸菌，腸管出血性大腸菌，腸管凝集接着性大腸菌の５つに分類されています。

これらの病原大腸菌は食品や飲料水を介してヒトに食中毒を起こしますが，ヒトからヒトへの感染も少なからずあります。

特徴

それぞれ異なる病原性

ここでは腸管出血性大腸菌を除く４つについて概説します。

① 腸管病原性大腸菌

古くから知られた大腸菌で，特定の血清型が食中毒を起こします。

水溶性下痢が主で，腹痛，発熱，おう吐などの胃腸炎症状を示します。乳幼児の感染が多く，そのほとんどは手指などからの接触感染です。成人では食品や飲料水による食中毒が主です。

② 腸管組織侵入性大腸菌

腸の粘膜に侵入して増殖し，激しい炎症を起こします。症状は下痢，発熱，腹痛ですが，重症例ではしぶり腹，血便または粘血便など赤痢様の症状を示します。食中毒に占める割合はきわめて低いです。ヒトからヒトへの感染もみられます。

③ 毒素原性大腸菌

感染すると腸管内で下痢を起こす特殊な毒素を作ります。わずかな量でも感染するとされ，熱帯地域に多い下痢の原因菌で，海外旅行から帰国した人たちに多い“旅行者下痢”を引き起こす菌としても知られています。途上国においては乳幼児の死亡の重要な原因となっています。本菌は病原大腸菌食中毒のうち，腸管病原性大腸菌に次いで多い食中毒です。

④ 腸管凝集接着性大腸菌

中南米やインド亜大陸などの途上国で乳幼児下痢症患者から多く検出されます。２週間以上の持続性下痢が特徴。一般には粘液を含む水溶性下痢および腹痛が主で，おう吐は少ないです。

感染経路  糞便に汚染された食品や飲料水に注意

患者・保菌者や家畜などの糞便に汚染された食品，飲料水を摂取することにより食中毒を起こします。幼児や小児では保育園などの施設内における接触感染例（手指，玩具，床など）もみられます。乳幼児では感受性が高く，少量の菌で感染するので注意が必要です。

症状・治療

抗生物質やときには輸液も

症状についてはそれぞれ前述の特徴の項を参照してください。治療は対症療法と抗生物質の投与が中心となります。特に毒素原性大腸菌感染症で脱水症状がある場合には輸液が必要となります。

予防

温度管理と十分な加熱，水にも注意

わが国ではこれまでに，病原大腸菌による大規模な集団発生事例がしばしば起きています。病原大腸菌による食中毒予防のポイントは以下の通りです。

① 製品の温度管理や消費期限の厳守

② 生野菜などはよく洗い，食肉は中心部まで十分加熱してから食べる。

③ 水を介して感染する例も多いことから，井戸水や簡易水道などの殺菌と衛生管理を徹底する。

④ 二次汚染の防止のために調理器具や手指を洗浄・消毒する。

⑤ 途上国等への旅行では，なるべく加熱調理食品を食べ，飲み水は殺菌されたミネラルウォーターを飲用するなど心がける。

2018（平成30）年6月，HACCP※に沿った衛生管理の制度化を含む食品衛生法等の一部を改正する法律が公布され，原則，すべての食品等事業者を対象にHACCPに沿った衛生管理の実施が必要となりました。これはコーデックス（国際的な食品規格）のガイドラインに基づくHACCPの7原則を要件とする「HACCPに基づく衛生管理」を原則としますが，小規模営業者等はコーデックスHACCPの弾力的な運用である「HACCPの考え方を取り入れた衛生管理」を行うこととされています。

※**【HACCP】** Hazard Analysis and Critical Control Pointの略。「危害要因分析・重要管理点」と訳されます。食品の原材料の受入れから製造・出荷までのすべての工程において，危害要因を除去または低減させるために特に重要な工程を管理し，継続的に監視・記録する衛生管理手法です。

4 Enterohemorrhagic E.coli
腸管出血性大腸菌食中毒

（O157を中心に）

牛などの家畜の腸管内に生息し、ベロ毒素を産生。
出血を伴う下痢や溶血性尿毒症症候群（HUS）を引き起こす。
子どもや高齢者など抵抗力の弱い人は注意。
肉の生食は控えよう。

※生肉を取る箸と食べる箸は別々にしましょう。

腸管出血性大腸菌(O157を中心に)の特徴

●牛などの腸管内にすむ

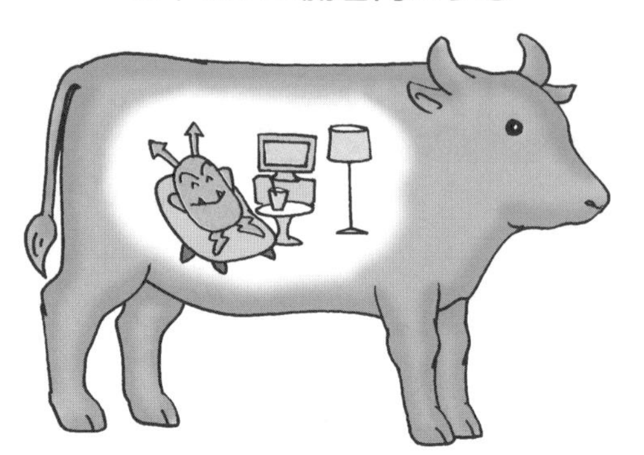

●ベロ毒素を出す

●少量の菌で食中毒を起こす

汚染・感染経路

●保育園などでの接触感染

●肉類とその加工品

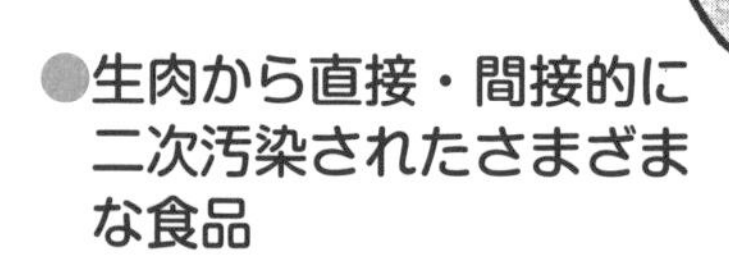

●生肉から直接・間接的に二次汚染されたさまざまな食品

発病までの時間・症状

●3～8日　●下痢、腹痛、発熱、おう吐　●重症化すると溶血性尿毒症症候群（HUS）で死亡することも

食中毒の予防ポイント

しっかり焼いて食べよう

●乳幼児・高齢者は生肉を食べない

牛レバー

アレ

※生肉を取る箸と食べる箸は別々にしましょう。

●調理器具、手指の洗浄・消毒（二次汚染の防止）

●生野菜はよく洗い、牛肉は中心部までよく加熱（75℃・1分間以上）

牛レバーは生食用として販売・提供を禁止
豚肉・豚内臓も

●定期的検便で、健康保菌者をチェック

最初は米国で，のちに世界各地で発見

1982（昭和57）年に米国のオレゴン州とミシガン州でハンバーガーによる集団食中毒事件があり，患者の糞便から腸管出血性大腸菌O157：H7が発見されたのが最初です。その後米国だけでなく世界各地で見つかっています。

米国でハンバーガーによる集団食中毒

わが国では，1984（昭和59）年，東京都の小学校で発生した腸管出血性大腸菌O145：H−による食中毒が最初の集団発生事例です。1990（平成2）年には埼玉県の幼稚園でO157に感染した園児2名が死亡する事件が発生しました。1996（平成8）年7月には大阪府で患者数5,591名に上る集団発生事件など，全国で87事例（患者数10,322名，死亡8名）のO157食中毒が爆発的に大発生しました。その後は年間10～30件，患者数は100～300名で推移しています。しかし，2002（平成14）年には病院でのO157集団食中毒により9名が，2011(平成23)年には，牛生肉を原因とする腸管出血性大腸菌O111食中毒により5名が死亡するなど，近年でも死者の出た事例が発生しています。また，2009（平成21）年には，飲食店で提供した結着等の加工処理を行った食肉の加熱調理が不十分であったことが原因と推定されるO157食中毒事件が広域に発生しました。2016（平成28）年には食材の洗浄不足が原因とされる，きゅうりのゆかり和えによるO157食中毒が発生し10名が死亡，2018（平成30）年には，サンチュが疑われた広域的（埼玉県，東京都，茨城県および福島県）なO157食中毒の発生がありました。

腸管出血性大腸菌感染症はヒトからヒトへ感染する場合があり，「感染症の予防及び感染症の患者に対する医療に関する法律」（感染症法）では，コレラ，細菌性赤痢などと同様に3類感染症に位置づけられています。本症は年間3,500～4,000名の感染者が報告されています。

特徴

ベロ毒素を産生する大腸菌

腸管出血性大腸菌は，大腸菌のうち「ベロ毒素」（あるいは志賀毒素ともいう）という毒素を産生し，出血性大腸炎やときには溶血性尿毒症症候群（HUS）を引き起こす菌です。100個程度の菌量でも感染します。また，本菌はウシなどの家畜の腸管内に生息しており，原因食品として肉類とその加工品（焼き肉，牛のたたき等）による食中毒事例が多く発生しています。食品からだけでなく，ヒトからヒトへの直接感染や保菌している動物との接触により感染する場合もあります。

腸管出血性大腸菌には多数の血清型が存在します。食中毒事例では血清型O157：H7によるものが多数を占めていますが，O26，O111などの血清型による事例も報告されています。患者の症状を血清型別にみると，O157に感染した場合，重篤なHUSを発症する事例が年に十数例報告されています。O26やO111についてもHUSを発症する事例が散発的に発生しています。

感染経路

原因は肉や二次汚染された食品

ウシやヒツジなどの反芻（すう）動物が保菌動物であるため，これらの糞便中のO157が食肉を汚染し感染源となる場合が多くみられます。また，肉から二次的に汚染された食品も原因となっています。これまでに，原因食品として特定あるいは推定された食品は，国内では牛肉，牛レバー刺し，ハンバーグ，牛角切りステーキ，牛タタキ，ローストビーフ，焼き肉，シカ肉，サラダ，貝割れ大根，キャベツ，キュウリ，サンチュ，メロン，白菜漬け，和風キムチ，きゅうりの浅漬け，日本そば，シーフードソース，いくらしょうゆ漬けなどです。また未殺菌や殺菌不完全な井戸水による水系感染症もみられます。海外では，ハンバーガー，ローストビーフ，ミートパイ，アルファルファ，レタス，ホウレンソウ，アップルジュースなどが原因食品となっています。

症状・治療  下痢や腹痛，重症合併症を起こす場合も

およそ2～8日の潜伏期をおいて発症し，初期の症状は，水様性の下痢と通常38℃以下の発熱や倦怠感など風邪の症状に似ています。重症化すると出血性大腸炎となり，激しい腹痛と血便などを引き起こします。また，これらの症状がある人の6～7％は下痢などの最初の症状が現れた後，数日から2週間以内（多くは5～7日後）に，HUSや脳症などの重症合併症を起こします。特に，子どもや高齢者はHUSを起こしやすいので注意が必要です。

感染していても無症状の場合あり

一方，腸管出血性大腸菌に感染していても無症状の人（健康保菌者・無症状病原体保有者）もいます。この場合，感染の自覚が無いまま，食

品汚染を起こす危険性があることから，飲食店などの調理従事者は定期的に検便を実施し，感染の有無を確認しましょう。

予防  基本的な食中毒予防対策を徹底的に

腸管出血性大腸菌による食中毒を防ぐためには，手洗い，食材などから調理器具を介した二次汚染の防止，食品の十分な加熱など，本菌を「つけない・やっつける」対策を確実に実施する必要があります。予防のポイントは以下の通りです。

① 牛肉などの食肉，ハンバーガー，ひと口ステーキ（サイコロステーキ）など食肉調理食品は75℃・1分間以上の加熱を行うこと。電子レンジで加熱調理を行う場合はときどきかき混ぜるなど，食品に均一に熱が通るようにする。

② 結着等の加工処理※を行った食肉は，腸管出血性大腸菌など病原微生物による汚染が肉の内部にまで拡大するおそれがあるため，確実な加熱調理を行う。

③ 加熱用を除き，生の牛のレバーは販売・提供できない。
・牛のレバーは「加熱用」として販売・提供する。

生肉を取る箸と食べる箸は別々に

※テンダライズ処理：刃を用いてその原型を保ったまま筋及び繊維を短く切断する処理
タンブリング処理：調味料に浸潤させる処理
結着：他の食肉の断片を結着させ成形する処理
漬け込み：内部に浸透させることを目的として，調味液に小肉塊を浸漬すること

・牛のレバーを販売・提供する場合，中心部まで十分な加熱が必要である旨を情報提供（店内掲示，メニュー表示等）する。
・牛のレバーを使用して食品を製造，加工または調理する場合，中心部まで十分に加熱（75℃・１分間以上）する。

④ 焼き肉の場合，生肉を取る箸と食べる箸を別々にする。
⑤ 生で食べる野菜は，流水で十分に洗浄する。野菜の消毒は次亜塩素酸ナトリウム等を用いる。
⑥ 包丁やまな板は，野菜や果実用，肉や魚用とそれぞれ食品別，用途別に区分して使う。
⑦ 調理前，生肉を取り扱った後，加熱後の食品に触れるとき，トイレを利用した後は丁寧に手洗いを行う。
⑧ 生肉を取り扱う際には，使い捨ての手袋を使用する。
⑨ 食肉の肉汁などから生食用の野菜等に二次汚染させない。冷蔵庫や冷凍庫に食肉を保管する際にも専用の容器あるいはビニール袋に入れ，肉汁などが他の食品を汚染しないようにする。
⑩ 使用する水は必ず殺菌した水を使い，残留塩素濃度が0.1mg/ℓ以上であることを確認する。
⑪ ハエがO157を保有することもあるので，ハエなどの衛生昆虫を駆除する。
⑫ 調理従事者は生食用食肉※の喫食を控え，調理従事者自身がO157に感染しないように注意する。また，定期的に検便を行い，O157等を保菌しているときには直接食品に接触する作業に従事させない。
※生食用食肉は規格基準を満たすものでなければ販売・提供をしてはいけない。
⑬ 乳幼児や高齢者は牛たたきなどO157汚染の高い食品の生食を避ける。

腸管出血性大腸菌はO157が代表的ですが，O26，O111，O103，O145などの血清型菌もO157と同様の予防対策が有効です。

5 Campylobacter

カンピロバクター食中毒

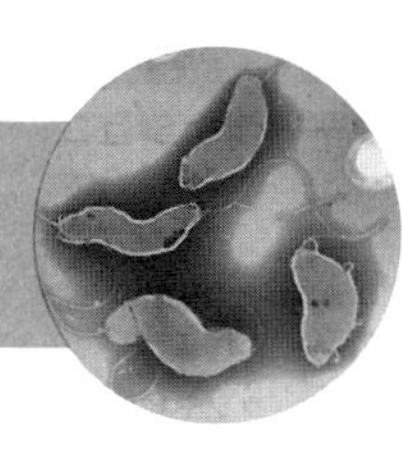

わずかな菌量でも発症する手強い菌。
ふだんは鶏や牛などの腸にすみ、
食品や飲料水を介して感染する。
肉はよく加熱して食べることが肝心。
生や加熱不十分な鶏肉や鶏内臓の提供はやめよう。

カンピロバクターの特徴

●少量の菌で食中毒を起こす

●乾燥や熱に弱い

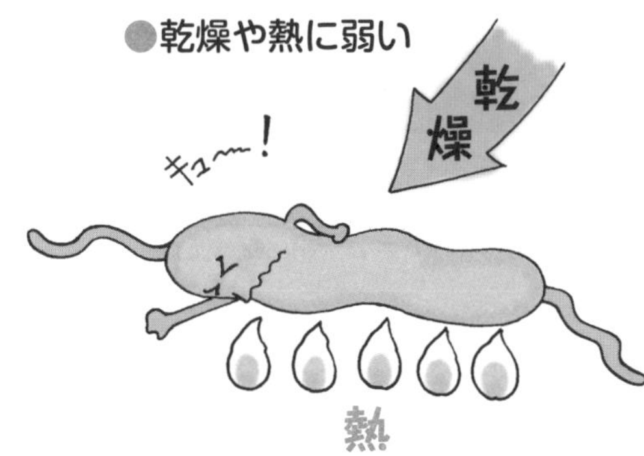

●大気中で発育できず酸素3〜15%で発育

●25℃以下では発育できない

汚染・感染経路

●生または加熱不十分な食肉とくに鶏肉や鶏内臓が関係した食品など

●家畜、家禽（きん）、ペットなどあらゆる動物が保菌

●未消毒の井戸水

発病までの時間・症状

●2～7日（平均2～3日） ●発熱、けん怠感、頭痛、めまい、筋肉痛、おう吐、腹痛、激しい下痢 ●まれにギラン・バレー症候群を発症

食中毒の予防ポイント

●食肉処理後の器具、手指は十分に洗浄・消毒、乾燥

●食肉とくに鶏肉や鶏内臓の生食は避ける

●井戸水は適確に塩素消毒

● 75℃・1分間以上の加熱調理

●生肉と調理済みの食品は別々に保存

歴史・経緯

古くから知られていたが謎多し

カンピロバクターは，ウシやヒツジなど家畜の流産の原因菌として古くから知られていましたが，糞便からの分離が難しく，長い間ヒトの下痢症との関係が明らかにされませんでした。

しかし，1972（昭和47）年ベルギーの研究者らが糞便からカンピロバクターを見つけだす新しい方法を開発し，この研究から，イギリスでも食中毒菌としてカンピロバクターが確認されました。

1978（昭和53）年には，米国で本菌による水道水が汚染源と考えられる2,000名を超える大規模集団食中毒が発生し，世界的に知られるようになりました。

わが国では，1979（昭和54）年1月に東京都内の保育園で本菌による集団胃腸炎がはじめて確認されました。

現在，カンピロバクターは17菌種に分類されています。このうちヒトへの病原性を有し，食中毒の原因となるカンピロバクター・ジェジュニおよびカンピロバクター・コリ（この2菌種を一般にカンピロバクターと表記しています）については，1982（昭和57）年行政上食中毒菌として取り扱うこととなり，検査法も通知され，全国的に本菌による食中毒が確認されるようになりました。

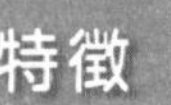

少しの菌量でも食中毒を起こす

カンピロバクターの大きさは，長さ1,000分の0.5～5mm，幅1,000分の0.2～0.5mmで，らせん状をした細菌です。両端もしくは一端に1本の鞭毛をもち，活発ならせん状の運動をするのが特徴です。

本菌は酸素が十分にある状態では，まったく発育できません。また，酸素がまったく含まれない嫌気的な条件でも発育しません。本菌は酸素が少量含まれる環境ではじめて発育できる微好気性細菌です。発育するのに必要な酸素濃度は3～15％で，5％ぐらいがもっともよい条件です。発育温度は約31～46℃です。したがって，一般的な細菌が増殖できる室温（25℃）ではカンピロバクターはまったく増殖できません。また，乾燥や熱にも弱い性質があります。

こうした特徴から，一般的な調理食品のなかでは増殖しないと考えられています。しかし，10℃以下の低温下や下水中ではかなり長時間生存しますので，食品が冷蔵状態で保存された場合や，水が汚染された場合は，長期間感染源となります。一般的な食中毒菌の場合，食品中で大量に増殖した菌，または菌の増殖に伴ってつくられた毒素の摂取で発症しますが，本菌の場合は，菌量が100個程度でも感染します。

発生時期は5～6月にピークとなり，夏期にはやや減少する傾向があります。また，9～10月にも多くみられ，他の細菌性食中毒と異なり，冬期にも発生しています。

低温に強い

感染経路  鶏肉と，肉の生食に注意!!

カンピロバクターは，健康な家畜や鶏の腸管内に広く分布していることから，これら保菌動物が感染源となります。特に鶏肉はカンピロバクターに高率に汚染されていると考えられます。また，ウシや鶏では肝臓や胆のう内に保菌が認められますので，いくら牛や鶏レバーが新鮮で表面を衛生的に扱っていても菌を取り除くことはできません。

また，菌に汚染された食品や水を介して感染するほか，保菌動物との接触による感染例もみられます。ヒトへの感染経路のおもなものは以下の通りです。

① 生または加熱不十分な食肉あるいは内臓およびその加工品の摂取。

② 食肉などから二次汚染を受けた食品の摂取。

③ 未殺菌の飲料水，あるいは野生動物などにより汚染された湧水，河川などの摂取。

④ ネズミ，ゴキブリなどからの汚染。

⑤ イヌ，ネコ，小鳥などのペットおよびウシ，ブタ，ニワトリなどとの接触感染。

⑥ ヒトからヒトへの感染。おもに母親から子どもに感染する場合がある。

動物との接触にも注意

症状・治療 脱力感から重い神経症へ

感染から発症までは２～７日で，まず，発熱，けん怠感，頭痛，めまい，筋肉痛が起こり，次に吐き気や腹痛におそわれます。発症後，２日間程度下痢が起こり，水のような便が出ます。１日の下痢回数は２～６回くらいで，ときには10回以上に及ぶこともあります。

一般に大人よりも小児のほうが重症化しますが，死亡することはまれで，１週間程度で回復します。おおむね予後は良好で，ほとんどが下痢止め薬の服用と安静を保てば治癒しますが，激しい下痢や腹痛を伴うときには適切な治療が必要です。

また，胃腸炎症状が治まって10～30日後くらいに，まれに末梢神経麻痺を主症状とする神経疾患（※ギラン・バレー症候群）を発症する場合があることが指摘されています。少しでも異常を感じたら，神経内科のある病院で受診しましょう。

※【ギラン・バレー症候群】

侵入してきた細菌やウイルスから守るための免疫抗体が，逆に自分の末しょう神経を攻撃して起こる症状。感染して数週間後に手足の麻痺，顔面神経麻痺，呼吸困難等を起こします。

ポイントは肉の取扱いと十分な加熱

カンピロバクターの特徴は，食肉やレバーなどの内臓肉を高率に汚染していること，鮮度が良好で低温管理された肉ほど菌が生き残ること，さらにわずかな菌量でも感染を引き起こすことなどです。そのため，食中毒予防には「二次汚染の防止」と「加熱調理の徹底」が重要となります。

予防のポイントは以下の通りです。

① 二次汚染の防止

- 肉専用のまな板や包丁を用意し，使用後はすぐに洗浄，消毒する。
- 生肉を取り扱った後は，十分に手指を洗浄・消毒してから次の作業を行う。

・生肉の作業と他の調理（特に調理済み食品の盛り付けなど）は離れて設置した調理台で行うか，作業時間を変え，近接した場所で同時に行わないようにする（生肉の作業のあとは消毒する）。
・生肉は専用のふた付き容器に入れて保存し，冷蔵庫内で他の食品に接触したりドリップの漏出による汚染に注意する。
・焼き肉や鍋物などは，自身の箸で生肉に触れないよう，専用の箸やトングを用意する。

生肉専用の箸やトングを使う

② 加熱調理の徹底

・一般的な加熱調理は中心部で75℃・1分間以上加熱する。
・鶏肉のカンピロバクター汚染率は非常に高いので，食肉とくに鶏肉が関係した食品の生や生に近い調理での提供は食中毒のリスクが高いことを認識し，提供を避ける。ささみは，湯引き程度ではカンピロバクターは死滅しないので注意が必要。

③「加熱用」表示をしっかり確認

・鶏肉を扱う飲食店等は，加熱用や用途不明の鶏肉・鶏内臓を生食用として提供しない。
・鶏肉・鶏内臓を調理する際は「加熱用」などの表示に従い，十分に加熱する。

6 Yersinia
エルシニア食中毒

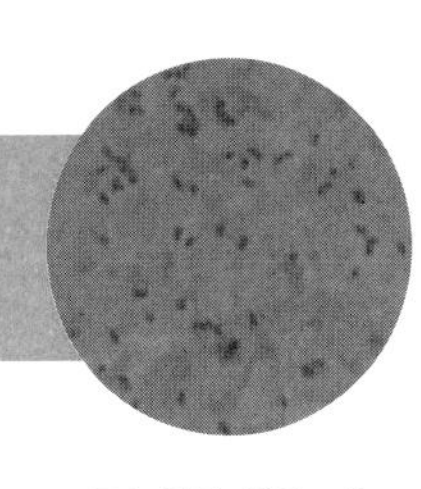

4℃以下でも発育する低温細菌。
豚などの家畜が保菌する。
豚肉などを処理した調理器具からの
二次汚染に注意し、豚の食肉や内臓は十分に加熱する。

エルシニアの特徴

●4℃以下でも発育

●発育が遅い

●ヒト、動物の糞便に生息

汚染・感染経路

●ペットなどあらゆる動物が保菌

●豚肉の汚染が高い

●未消毒の井戸水

発病までの時間・症状

● 2～5日　●腹痛、下痢、発熱、その他虫垂炎症状など多様

食中毒の予防ポイント

豚の食肉や内臓は生食用として販売・提供を禁止

- 豚肉は中心部まで十分加熱（75℃・1分間以上）
- 冷蔵保管を過信せず早めに食べる
- 調理器具、手指からの二次汚染防止
- 井戸水は適確に塩素消毒

歴史・経緯

ペスト菌の仲間!?

エルシニアは1960年代になってからヒトの敗血症や小児下痢の主要な原因菌として北米やヨーロッパを中心に多くの症例が報告されるようになり，わが国では1972（昭和47）年に初めて食中毒事例が報告され，1982（昭和57）年に食中毒菌に指定されました。エルシニア属は12菌種に分類されますが，そのうちのエルシニア・エンテロコリチカ，エルシニア・シュードツベルクローシスが食中毒を起こします。

現在までに，届け出られた事件数，患者数ともに多くはありませんが，1984（平成6）年では学校給食を原因としたものが多くみられ，食中毒の原因となった血清型はO3でした。近年では学校給食以外に飲食店，仕出屋，旅館などでも発生し血清型O8に変わってきました。

ペスト菌もエルシニア属の仲間で，ペストを起こし，かつては高い死亡率を示しました。ペストはネズミからヒトに感染しますが，ヒトからヒトへの感染により大流行を起こします。

ペスト菌も仲間

日本では感染症法により，ペストは1類感染症に指定されていますが，1926（大正15）年以降，国内における患者の発生はありません。

特徴

冷蔵庫のなかでも増殖

通常，4℃以下の低温環境でも増殖し，発育温度は0～42℃ですが，至適発育温度は25～30℃です。

本菌種は，ヒトおよび動物の腸管，自然界（土壌，地表水など）に広く分布し，わが国でもっとも代表的な血清型のO3型エンテロコリチカ菌は，ブタが比較的高い率で保菌しています。また，犬，猫などのペット類，ネズミなどの衛生動物が保菌していることもあります。

感染経路

豚肉やペットに注意

エルシニア・エンテロコリチカはおもに食品を介して感染する経口感染で，本菌に汚染された豚肉や，それから二次汚染された食品を摂取することが原因となります。また，保菌している動物の糞により汚染された沢水，湧き水，井戸水も感染原因となります。

エルシニア・シュードツベルクローシスの集団感染事例では，本菌に汚染された豚肉やその他の食品の摂取による報告もありますが，わが国における散発事例の多くは本菌に汚染された沢水や井戸水の摂取によるものと推察されています。また，両菌を保菌している犬や猫からの感染事例も報告されています。

症状・治療

幼児は下痢，大人は虫垂炎に似た症状

エルシニア・エンテロコリチカの一般的な症状は，発熱，下痢，腹痛などの胃腸炎症状です。しかし，年齢により症状が異なり，乳幼児では下痢を主体とした症状を示しますが，年齢が高くなるにつれて回腸末端炎，腸間膜リンパ節炎，虫垂炎といった症状を示すようになり，まれに咽頭炎，心筋炎や敗血症などの症状を示すことがあります。

エルシニア・シュードツベルクローシスも一般的な症状は胃腸炎症状ですが，その他に発疹，結節性紅斑，咽頭炎，苺舌，リンパ節の腫大，肝機能低下，腎不全，敗血症など多様な症状を示し，重篤となることが多いといわれています。両菌種とも潜伏期間は長く，2～5日間ほどです。

エルシニア・エンテロコリチカはペニシリン系の抗生物質に対し耐性

を示しますが，他のほとんどの抗生物質は有効な治療薬です。また，エルシニア・シュードツベルクローシスもマクロライド系以外のほとんどの抗生物質に対して高い感受性を示します。

予防　生肉の長期保存は冷凍，加熱も十分に

エルシニアの予防は一般的な食中毒の予防方法と同じですが，冷蔵庫の温度でも増殖することができる低温細菌であることに注意が必要です。予防のポイントは以下の通りです。

① 食品，特に生肉を10℃以下で保存する場合でも保存は短時間にとどめ，長く保存するときは冷凍する。また，野菜など生で食べる食品と区別して保存する。

② 冷蔵庫は定期的に清掃，消毒する。

③ 加熱用を除き，生の豚の食肉やレバーなど内臓は販売・提供できない。

- 豚の食肉や内臓は「加熱用」として販売・提供する。
- 豚の食肉や内臓を販売・提供する場合，十分な加熱が必要である旨を情報提供（店内掲示，メニュー表示等）する。

④ 調理時等における豚肉の取扱いに注意する。

- 豚肉を調理したまな板や包丁などの器具はしっかり洗浄・消毒し，他の食品への二次汚染を防ぐ。
- 豚の食肉や内臓を使用して食品を製造，加工または調理する場合，中心部まで十分に加熱（75℃・１分間以上）する。

⑤ 沢水，湧き水，井戸水などは野生動物や鳥類の糞を介した汚染があるため，塩素殺菌や煮沸すること。

⑥ 犬や猫などのペットや動物に触れたあとは十分に手を洗う。

7 Perfringens
ウエルシュ菌食中毒

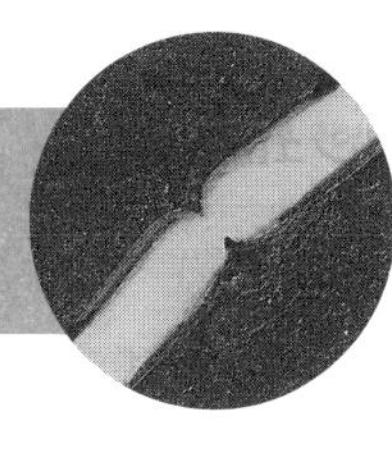

ヒトや動物の糞便、土壌中に生息。
大量に調理された給食や
仕出し弁当が大スキ。
酸素を嫌い、熱には強い。

ウエルシュ菌の特徴

●芽胞を形成。熱に強い

●酸素が嫌い

●ヒト、動物の糞便、土壌に生息

汚染・感染経路

●食肉、魚介類、野菜を使用した加熱調理食品で
とくに大量調理されたカレー、煮物、スープ、弁当など

発病までの時間・症状

●6～18 時間　●下痢、腹痛　●通常は軽症で１日で回復

食中毒の予防ポイント

●加熱調理後は直ちに短時間で冷却、低温保存

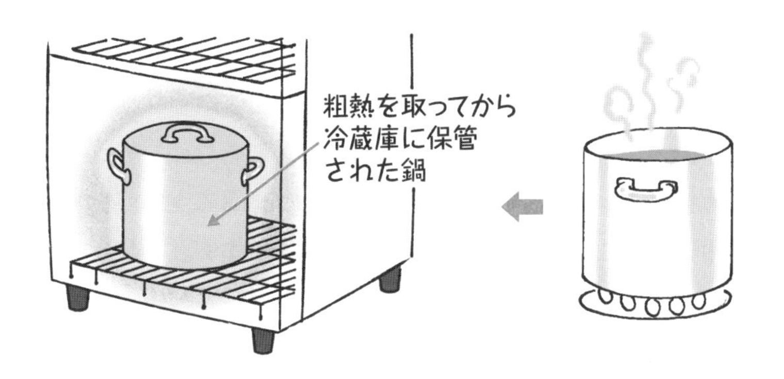

●弁当、仕出しなどの
大量調理は要注意

●カレーなどを再加熱するときは十分熱を通す
(100℃・15 分間以上)

歴史・経緯

原因物質の発見

1949～52（昭和24～27）年にロンドンで発生した食中毒23事例について，疫学・細菌学的および血清学的に検討が行われ，ウエルシュ菌食中毒の実態が明らかになりました。

さらに1960～70年代にかけて，食中毒を起こすウエルシュ菌は腸管内の常在ウエルシュ菌とは異なり，エンテロトキシンと呼ばれる毒素を作ることが発見されました。この毒素は，ウエルシュ菌が食べ物と一緒に腸管内に入ったところで作られます。最近，これまでのエンテロトキシンとは異なり，新しい毒素（イオタ様エンテロトキシン）を産生し，同じような食中毒を起こすウエルシュ菌がわかっています。

特徴

集団給食で発生が多い

通常，ウエルシュ菌食中毒は学校，病院および高齢者施設などの集団給食で起こるといった特徴がありますが，会社の食堂やホテルの食事，仕出し弁当などでの発生も多くみられます。家庭でも散発事例が無いとはいえませんが，多人数の食事を一度に調理した場合に起こりがちな食中毒です。

大量調理施設で起こりやすい

● 熱に強く，酸素に弱い

ウエルシュ菌は，ヒトや動物の腸管内に常在している菌で，土や水などの自然界に分布しています。大腸菌やサルモネラ属菌と異なり，酸素のない環境（嫌気性）で増殖し，酸素のある大気中では死滅します。また，環境の変化により菌体内に芽胞と呼ぶ特殊な構造物を作ります（芽胞型）。常在しているウエルシュ菌の芽胞は一般的に熱に弱く，80℃・30分間程度の熱で死滅します。

一方，食中毒を起こすウエルシュ菌は，煮沸1～4時間の加熱にも死滅しない熱に強い芽胞を作ります。消毒薬も効かず，酸素があっても死滅しません。栄養素がある環境になると芽を出し，発育します。しかも，下痢を起こす毒素（エンテロトキシン）を産生する性質があります。まれに，耐熱性の弱いウエルシュ菌（煮沸10分以内で死滅する芽胞）でも毒素を産生する菌株があり，食中毒を起こすことがあります。

大量の食品を一度に加熱調理すると内部の空気が追い出され，空気のない環境となります。嫌気性菌のため，生き残ったウエルシュ菌の芽胞は食品が放冷されている間にも食品の栄養素を利用して急速に増えていきます（増殖型）。この段階では菌は増えても腐敗は始まっていないので，食品の外観，においなどによる異常はみられません。食事により腸管に取り込まれたウエルシュ菌が，腸管内で増殖型から芽胞型になる際に菌体内にエンテロトキシンが形成され，菌体外に放出，発病にいたります。

ウエルシュ菌の発病機序

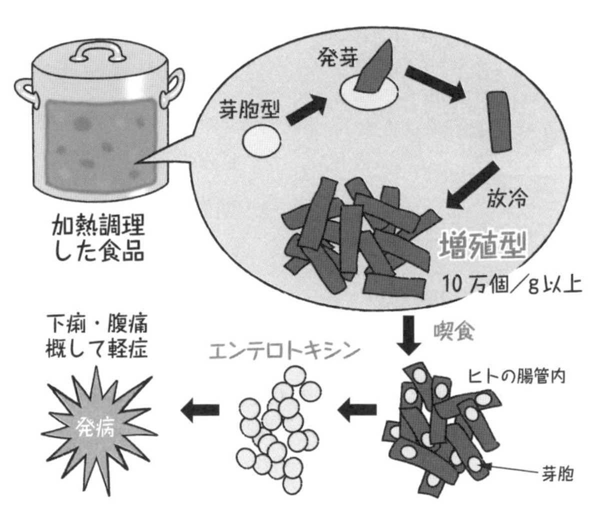

感染経路  大量調理では要注意！

この食中毒の原因食品は肉類や魚介類などを使った加熱調理食品，たとえば，肉じゃが，肉団子，南蛮漬け，スープ，カレーライスなどで，野菜サラダなど生ものを原因食品とすることはありません。これらの食品は回転釜や深底の寸胴鍋で大量に加熱調理され，前日調理，あるいは6時間以上室温に放置されて，自然放冷されたものです。

これらの食品中でのウエルシュ菌の発育過程は，次のように考えられます。

① 肉類，魚介類，香辛料はウエルシュ菌芽胞の汚染率が高く，このなかに食中毒を起こすウエルシュ菌が存在することがある。

② 加熱しても，耐熱性のウエルシュ菌芽胞は死滅しない。

酸素が少ないところが大好き

③ 大量に加熱されることにより空気が追い出され，加熱食品のなかが嫌気的になり，芽胞が目を覚まし，ウエルシュ菌の増殖が起こりやすくなる。また，肉類に含まれるグルタチオン等の還元物質により，食品内がより嫌気的になる。

④ 加熱調理後室温に放置されている間に，ウエルシュ菌が大量に増殖する。自然放冷によって食品の温度が50℃まで下がると，ウエルシュ菌の増殖が始まる。40～45℃が最も増殖の早い温度帯。食品内の嫌気度合いにより増殖の速度が異なるが，回転釜で調理した場合，一晩で食品1g当たり10万個以上にも増殖する。

症状・治療

下痢が１～２日続く

おもな症状は，下痢と腹痛で，潜伏期間は６～18時間。ほとんどは12時間ぐらいで水様性下痢が始まるのが普通です。健康成人では１日，２～６回程度の下痢がありますが，一両日には回復します。大部分の患者は腹痛を訴えますが，なかには下痢だけの人もいます。吐き気やおう吐，発熱はほとんどみられません。食中毒のなかでも軽症ですが，高齢者や病弱な人がかかると症状は重くなるので注意が必要です。

治療法は一般的な下痢症治療ですみますが，下痢が激しい時には投薬や点滴が行われます。ヒトからヒトに感染することはありません。高齢者施設では手すりやベッドなどの環境から感染することがあります。

予防

十分な加熱とすばやい冷却

予防のポイントは以下の通りです。

① 汚染防止

と畜場，食鳥処理場での衛生的な解体処理を行うことで，枝肉等へのウエルシュ菌汚染防止を図る。

② 加熱・殺菌

食中毒を起こすウエルシュ菌の芽胞は，煮沸１～４時間でも死滅しないことから通常の加熱調理では死滅しない。しかし，食品中に増殖したウエルシュ菌は，通常は芽胞を作らないので，温め直すときはまんべんなく火が通るように食品をかき混ぜながら，中心部まで十分に煮沸（100℃・15分間以上）する。

③ 増殖の防止

調理後は速やかに喫食，冷却するときは小分けにするなどして

（なるべく空気に触れさせる）すばやく冷却すること（2時間以内で 20℃以下）。また食品の保存は 10℃以下または 60℃以上で行うこと。

次に，スープを作るときの問題点をあげながら，実際どのように予防したらよいかを説明しましょう。

大部分の肉汁のなかには菌の芽胞が混じり込んでいると考えましょう。そのため冷却中にそれが発芽・増殖することを防ぐ必要があります。そのためには内部が嫌気状態にならないように，よくかき混ぜることが大切です。また，できあがったスープは冷却機や冷蔵庫内で2時間以内に 20℃以下に冷却し，冷蔵庫内に保存します。室温で長時間放置することは絶対に避けなければなりません。また，底の深い容器に大量に入れて保存した場合は芽胞の発育が速くなるため，底の浅い容器に入れて低温保存するとよいでしょう。

よくかき混ぜて十分な加熱を

調理環境の清浄はいうまでもありませんが，菌の性質をよく知って，加熱調理後の急冷，冷蔵，嫌気的条件の排除を確実に行えば，この食中毒の予防はむずかしいことではありません。

8 Cereus

セレウス菌食中毒

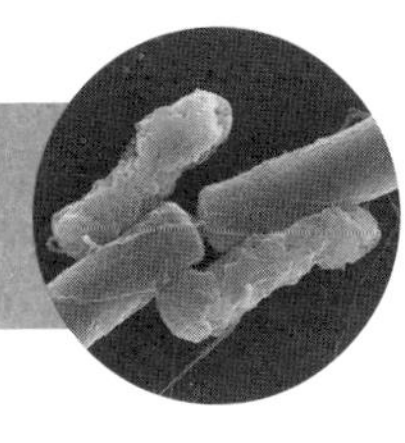

土壌などの自然界に広く分布。
芽胞をつくり、加熱に強い。
おう吐型と下痢型がある。

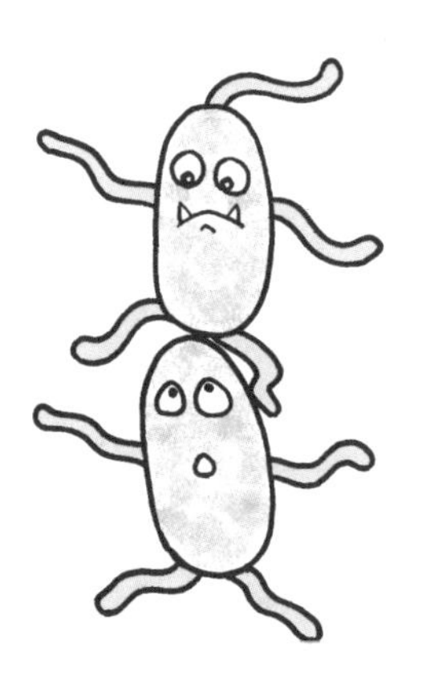

セレウス菌の特徴

●土壌等の自然界に芽胞型で広く分布

●おう吐型と下痢型がある（わが国ではおう吐型が主）

●芽胞を形成。熱に強い

汚染・感染経路

●（おう吐型）焼飯、ピラフなどの米飯類、パスタなどのめん類

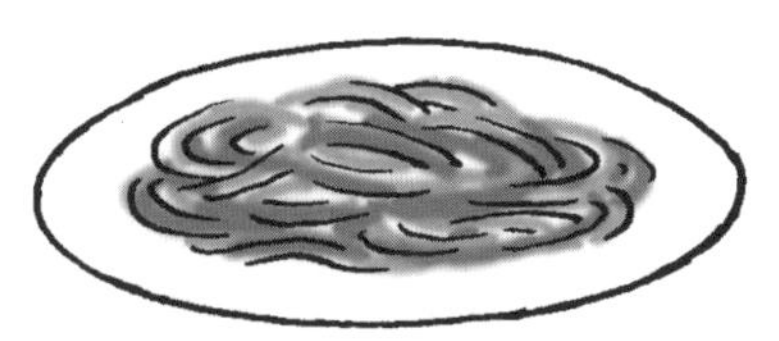

●（下痢型）食肉などを原料としたスープ類

発病までの時間・症状

●（おう吐型） 1～5時間／
ブドウ球菌食中毒に類似

●（下痢型） 8～16時間／
ウエルシュ菌食中毒に類似

食中毒の予防ポイント

●一度に大量の米飯やめん類を調理しない。
残りものを室温におかない

●加熱調理した食品は長時間室温放置せず、
なるべく早く食べるか、冷蔵保存

歴史・経緯　最初はノルウェーで

セレウス菌による最初の食中毒発症事例は，1955（昭和30）年にノルウェーの病院と老人施設で起こったものです。前日に調理され室温に放置されたバニラソースを原因とする食中毒により，患者数が600名にも及びました。国内では1960（昭和35）年に，小学校の児童354名が脱脂粉乳を原因食品として発症したセレウス菌食中毒が初めての報告です。これらの患者のおもな症状は下痢と腹痛です。

原因食は脱脂粉乳

その後，1970年代になりイギリスでは焼飯を原因食品とし，おもに吐き気やおう吐の症状がみられるセレウス菌食中毒が明らかにされてきました。前者の下痢を起こす食中毒を「下痢型」，おう吐を起こすものを「おう吐型」と呼び，セレウス菌食中毒は大きく2つのカテゴリーに分けられるようになりました。現在では，国内を含め多くの国々で，おう吐型のセレウス菌食中毒が主流です。

年間平均の発生件数はそれほど多くなく，10件程度，小規模な発生であることから，患者数も年間平均100名程度です。

特徴　広く自然界に分布

セレウス菌は，棒状をした比較的大きな細菌です。最大の特徴は，芽胞と呼ばれる特殊な構造物を作ることです。芽胞は乾燥に対してはもちろん，熱に対しても抵抗性が強く，煮沸 30 分以上の加熱でも死なないものもあります。

本菌は耕地（田，畑など），湖，池，海などあらゆる土壌に広く分布しており，農産物，畜産物，水産物などの食料にも分布がみられ，食品汚染の確率の高い細菌です。しかし，これらのセレウス菌のうち特殊な性質をもつ一部の菌が食中毒に関わります。

土壌環境や食料に分布するセレウス菌はほとんどが芽胞の形で，長年生きています。芽胞は適度な栄養物と水分および温度があると芽を出し，旺盛に増殖を始めます。元来，セレウス菌は炭水化物，タンパク質，脂肪など食品の成分を分解する性質が強く，大量に増殖すると食品を腐敗させます。米飯や豆腐などの腐敗にはセレウス菌や同じ仲間の枯草菌などが関与します。

適度な栄養・水分・温度で発芽

感染経路  米や小麦製品に要注意

これまでの食中毒事例をみると汚染のおもな原因は，厨房内の衛生環境の不備，調理従事者の衛生教育の不十分等が考えられます。

なかでも，調理済み食品の長時間室温放置，前日調理した食品の再使用，食品の不衛生な取扱い等によるものが多くを占めています。

現在，国内で発生するセレウス菌食中毒のほとんどがおう吐型です。そこで，重要なおう吐型食中毒の原因食品の特徴について述べます。

おう吐型食中毒の原因食品は，米飯を主体とした焼飯，ピラフ，おにぎり，麺類であるスパゲティや焼きそばなどです。セレウス菌は耕地の土壌に分布していることから，農産物である生米，小麦粉，ソバ，豆類を汚染します。米飯を炊く温度やスパゲティを茹でる温度では，おう吐型セレウス菌芽胞は死滅しません。炊いた米飯や茹でたスパゲティをそのまま室温に長時間放置すると，生き残ったおう吐型セレウス菌芽胞が芽を出し，食品中で大量に増殖し，おう吐毒素（セレウリド）が蓄積されます。おう吐毒素を含んだ米飯を加熱して焼飯を作っても，おう吐毒素は耐熱性があるため毒素は破壊されません。このおう吐毒素により食中毒を起こします。

米飯を炊く温度では死滅しない

米，小麦粉以外にもあらゆる食品にセレウス菌が分布していますが，おう吐型食中毒はどんな食品でも起こるものではなく，焼飯やスパゲティなど限られた食品が原因となります。米飯や茹でたスパゲティがもっともおう吐毒素の産生が高い食品と考えられています。

症状・治療

症状の違いは２種類の毒素

下痢型とおう吐型の症状の違いは以下の通りです。

① 下痢型

下痢型は，セレウス菌が１g 中に 100 万個以上に増殖した食品を喫食した際に，腸管内に到達した本菌がさらに増殖し，特殊な毒素（下痢毒素：エンテロトキシン）を産生します。この毒素の作用で，下痢，腹痛などの症状が起きます。食品を喫食してから発症するまでの潜伏時間は８～

16時間と長く，ウエルシュ菌食中毒の症状によく似ています。

② おう吐型

おう吐型は，セレウス菌が食品1g中に100万個以上に増殖した際に，食品内に下痢型とは異なる毒素（おう吐毒素：セレウリド）が産生されます。この毒素を食品と共に喫食すると，胃・腸管内に入った毒素が作用して吐き気やおう吐，一部下痢などを起こします。原因食品を喫食後，1～5時間後に症状がみられます。おう吐毒素は熱抵抗性が高い化合物であり，たんぱく分解酵素などによっても分解されないきわめて安定した物質です。したがって，加熱調理された日常の食品でも食中毒を起こします。おう吐型セレウス菌食中毒はブドウ球菌食中毒と同様に，潜伏期間が短く吐き気とおう吐が主要症状であることから，発生状況から両者を区別することは難しいです。

このように発病の仕組みの違いが下痢型とおう吐型の潜伏時間の違いとなっています。本菌による食中毒患者はほとんど1，2日で回復するため，治療についてはあまり重要視されていません。

予防  十分な加熱，大量調理を避ける

おう吐型セレウス菌の芽胞は30分以上加熱しても死滅しません。したがって，加熱により芽胞を死滅させることは通常の加熱調理食品では難しいことです。食品中に産生されたおう吐毒素は加熱しても壊れませんので，加熱したから安全であるとはいえません。予防の要点はそれほど難しいことではなく，セレウス菌の増殖を防止することが一番大事です。

予防のポイントは以下の通りです。

① 米飯や茹でたスパゲティは直ちに使用する。本菌の増殖を抑える

作りたてを食べよう

ために室温には2時間以上置かない。10℃以下の低温で保存する。

② 米飯は本菌が増殖できない55℃以上で保存する。

③ pH5以下ではほとんど増殖しないことから，食酢などを活用し，酢飯にする。

④ 米飯や茹でたスパゲティは，作り置きをしない。

⑤ 生米は本菌の汚染率が高いので，十分な水で洗米しセレウス菌をできるかぎり除去する。

⑥ 100℃・30分間程度の加熱ではセレウス菌芽胞は死滅しないので，1時間以上加熱する。あるいは120℃・20分間以上の加熱により，芽胞を完全に死滅させる。

9 Staphylococcus aureus
黄色ブドウ球菌食中毒

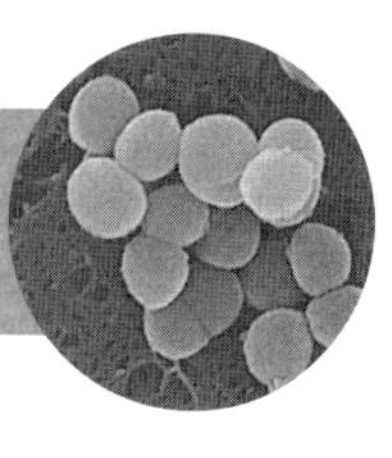

熱にも酸にも強い、タフなヤツ。
自然界に広く分布し、ヒトの傷口や鼻、耳穴にも。
毒素を産生して、食中毒を起こす。
おにぎりなどの穀類加工品、弁当、調理パンなどに注意。

ボクたちも、おいしい料理がだ〜い好き♪

黄色ブドウ球菌の特徴

●ブドウの房状

●毒素型食中毒の代表。菌が出すエンテロトキシン（毒素）は熱にも乾燥にも強い

●冷蔵温度域では発育できない

汚染・感染経路

●ヒトや動物の皮膚、鼻孔、のどの粘膜、化膿した傷口、食肉、生乳などに広く分布

●おにぎり等の穀類加工食品、弁当、調理パン、菓子類

発病までの時間・症状

●1～5時間（平均3時間） ●激しいおう吐、吐き気、下痢、腹痛

食中毒の予防ポイント

●手洗いの励行

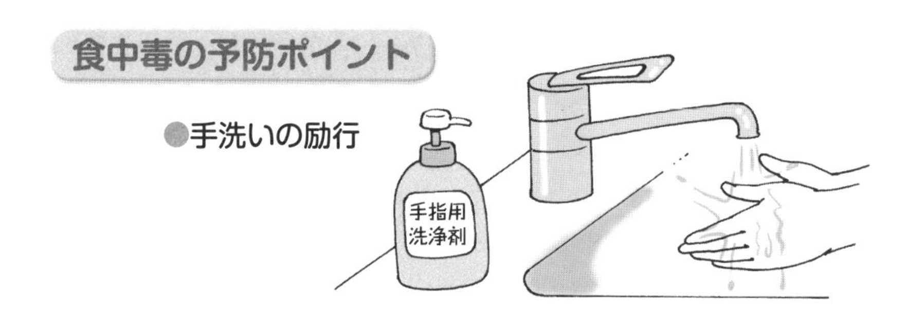

●調理器具の洗浄・殺菌

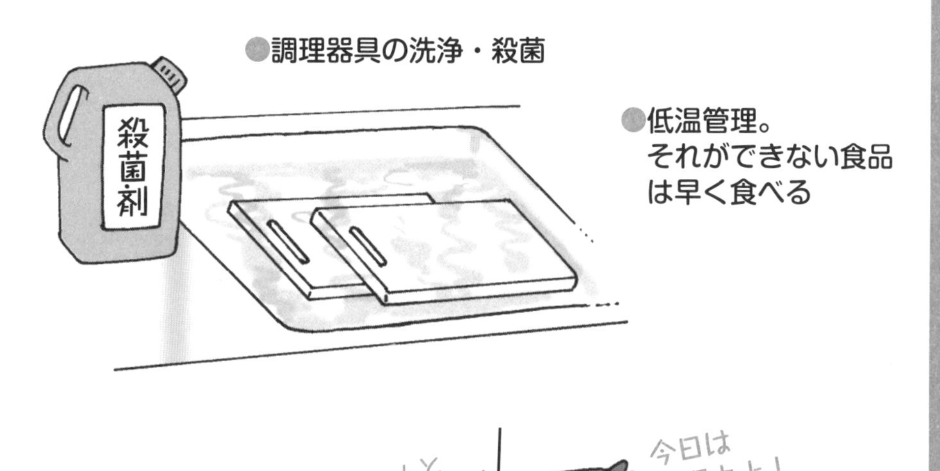

●低温管理。
それができない食品は早く食べる

●手指に傷や手荒れのある人は直接調理に携わらない

歴史・経緯  食べられないブドウ

黄色ブドウ球菌は，1878（明治 11）年にヒトの傷中から出た膿汁から発見されました。属名 *Staphylococcus* の Staphylo は「ブドウの房」の意味で，菌を顕微鏡で観察すると，特徴的なブドウ状の塊が見えることからこの名前がつけられました。一つひとつの球形粒子が，それぞれ 1 個の黄色ブドウ球菌にあたります。

本菌による食中毒は 1914（大正 3）年に初めて報告され，1930（昭和 5）年には，黄色ブドウ球菌食中毒は本菌によって引き起こされるのではなく，食品中で本菌が増殖する過程で産生する物質（エンテロトキシン）が食中毒の原因とわかりました。本菌は代表的な毒素型食中毒です。

特徴  どこでも生きるタフなヤツ

ブドウ球菌は，あらゆる動物やヒトの体表，鼻，腸管内に分布しているために，菌量は少ないが多くの食品に広く存在している細菌のひとつです。この菌は，食中毒を引き起こすだけでなく，化膿性疾患も起こす悪名高い菌です。皮膚の化膿創に特に多く，他に皮下蜂巣炎（ほうそうえん），中耳炎，膀胱炎，敗血症などの疾病の原因となります。

ブドウ球菌の仲間は，30 数種も報告されていますが，なかでもコアグラーゼ（血しょう凝固酵素）を産生する黄色ブドウ球菌がもっとも重要です。黄色ブドウ球菌以外のブドウ球菌による食中毒例は，ほとんど報告されていません。また，すべての黄色ブドウ球菌が食中毒を引き起こすわけではなく，黄色ブドウ球菌のなかで限られたものが病原性をもっています。

1 個の黄色ブドウ球菌の大きさは，だいたい，直径 1,000 分の 1 mm

くらいです。常に房状の配列をとるわけではなく，単独で存在したり，２個くっついたり，長い鎖状の配列を取ったりすることもあります。比較的熱に強い細菌であるといわれていますが，60℃・30分間の煮沸で死滅します。ただし，本菌が産生するエンテロトキシンと呼ばれる毒素は，100℃・30分間の煮沸でも無毒化できません。また，乾燥に強く，乾燥中でも数か月以上も生存できるといわれています。10 ～ 45℃までの温度域で発育し，他の細菌に比べて，酸性やアルカリ性が強いところでも生育できます。このようなことから，本菌は多様な条件下で増殖できるため，多種類の食品中で増殖できる，手強い細菌といえます。

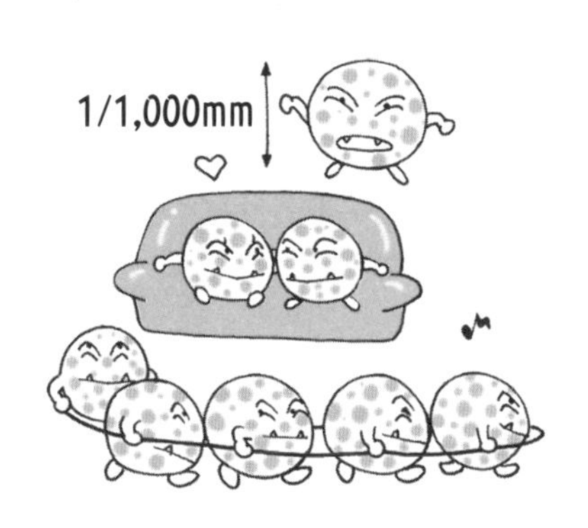

いろんなグループを作る

感染経路　調理者の手指と温度管理に要注意

黄色ブドウ球菌を100個ぐらい含む食品を摂取しても，食中毒は起こりません。黄色ブドウ球菌の場合，食品１g中に数十万個以上存在すると，細菌の増殖により，食品中に放出されたエンテロトキシンによって，食中毒が起こります。このエンテロトキシンは，耐熱性で30分ぐらい煮沸しても分解，無毒化できません。ですから、黄色ブドウ球菌に汚染された食品は，熱すると細菌は死滅するものの，エンテロトキシンのほうは健在のため，熱処理した食品でも食中毒を起こします。

手指を使って作る食品に注意

わが国では，おにぎり，いなりずし，おはぎなど，手指を使って作る食品でブドウ球菌食中毒が多発しています。これらの事件の大部分は，調理従事者の手指に化膿創があったり，黄色ブドウ球菌が付着していたために，調理従事者の手指を介して，黄色ブドウ球菌が食品を汚染，その後室温に長時間放置された結果，起きたものです。

症状・治療　すぐに発症，激しいおう吐

食品中で増殖する過程で，菌体外に放出されたエンテロトキシンという毒素が摂取され，胃や腸で吸収されて，おう吐，下痢，腹痛などを引き起こします。このような食中毒を，毒素型食中毒といいます。黄色ブドウ球菌食中毒は，ボツリヌス食中毒とともに，毒素型食中毒の代表格です。

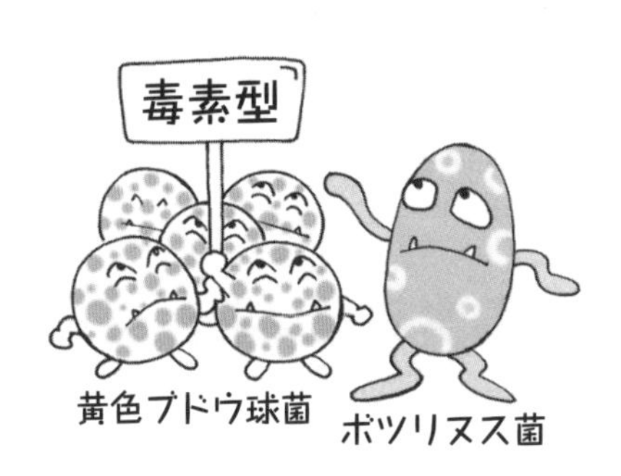

黄色ブドウ球菌は毒素型食中毒の代表

一方，腸炎ビブリオやサルモネラ食中毒は，食品中に大量に増殖した細菌に感染することで，これを感染型食中毒といいます。一般に，毒素型食中毒は，感染型食中毒に比べて，汚染食品摂取後から，発症までの時間が短く，黄色ブドウ球菌食中毒の場合，摂取後発症までの時間はきわめて短く，平均3時間です。

症状に関しては，おう吐が下痢に先行するケースが多く，多数の患者

に激しいおう吐がみられ，約7割の者が下痢を，3分の2の者が腹痛を呈します。約3分の1の患者が発熱するといわれていますが，38℃以上の高熱になるものは少なく，各症状の持続時間は数時間程度で，少数の例外を除くと，24時間以内に回復します。予後もよく，死に至ることは，まれです。

治療法としては，下痢が激しく，脱水症状を伴う場合は，輸液を行うケースもあります。しかし，通常は対症療法のみで，特別の治療は行いません。

予防　手指の洗浄・消毒と菌の増殖防止

健康な人でも，3割から5割の人が，黄色ブドウ球菌の保菌者だといわれています。そのうえ，黄色ブドウ球菌は自然界に広く存在するので，多くの食品から本菌による汚染を完全にしゃ断することは不可能です。しかし，少量の菌数を含む食品を摂取しても食中毒を起こしません。細菌の増殖防止，十分な熱処理，食品の取扱い場所の衛生管理，二次汚染の防止などに注意を払えば，食中毒の予防は，決して難しい事ではありません。

予防のポイントは以下の通りです。

① **手指に傷がある人や手の荒れている人は，直接調理に携わらない。やむを得ない場合は耐水性の絆創膏を貼り，手を洗ったあとに手袋を着用する。**

② **特に食品製造に関わる人は，十分に手指を洗浄・消毒してから調理にかかる。**

③ **消毒したあとは，前掛けなどで手を拭かない。**

④ **マスク，帽子，薄いゴム手袋などを着用して調理する。**

清潔な作業衣，手袋を着用する

⑤ まな板，包丁，ふきんなどはよく洗い，熱湯や次亜塩素酸ナトリウムで殺菌する。

⑥ 調理後はできるだけ早めに食べる。

⑦ 調理済み食品を室温（危険温度帯 10 ～ 60℃）で長時間放置しない。

10 Botulinum
ボツリヌス菌食中毒

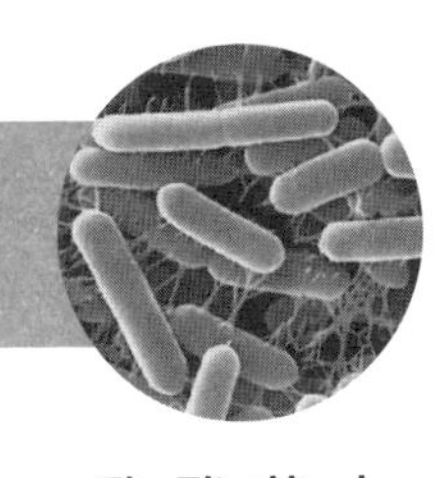

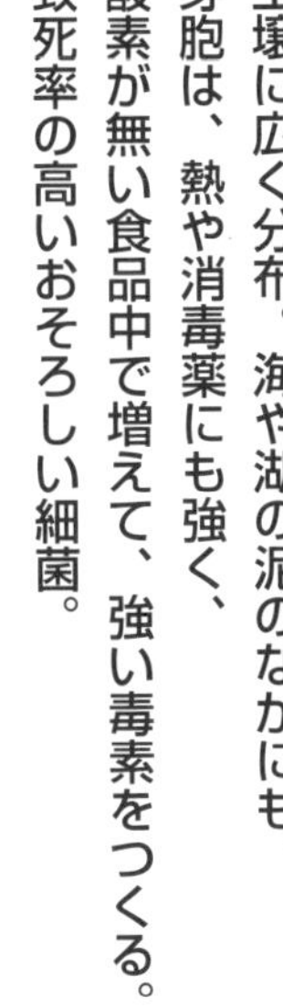

土壌に広く分布。海や湖の泥のなかにも。
芽胞は、熱や消毒薬にも強く、
酸素が無い食品中で増えて、強い毒素をつくる。
致死率の高いおそろしい細菌。

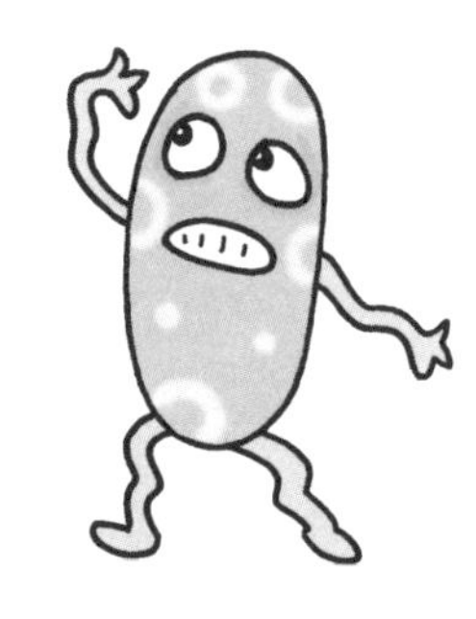

ボツリヌス菌の特徴

●芽胞を形成。熱に強い

●土壌等の自然界に広く分布

●酸素が嫌い

●運動神経を麻痺させる強力毒素

汚染・感染経路

●発酵食品、びん詰、缶詰、真空包装食品

●乳児ははちみつに注意

発病までの時間・症状

● 8～36 時間　●脱力感、けん怠感、めまい、言語障害、嚥下障害、呼吸困難、乳児では便秘

食中毒の予防ポイント

●新鮮な原材料を用い、洗浄を十分に行う

●加熱後の急冷、低温保存

●製造時の十分な加熱（120℃、4分間以上）

●びん詰、缶詰等は異常膨脹、異臭の確認

歴史・経緯

古代から知られていた有名菌

ボツリヌス食中毒は，古代ギリシャ，ローマ帝国時代からソーセージにより起こることが知られていました。1895（明治28）年，ベルギーで中毒の原因となった生ハムおよび死亡した患者の脾臓からこの菌が発見され，ラテン語の腸詰めを意味するbotulusから，病名（botulism）がつけられました。

古くからの有名菌

わが国では，1951（昭和26）年北海道I町で発生した「いずし」による食中毒で，患者14名のうち重症者3名，4名が死亡しました。1969（昭和44）年宮崎県で発生した中毒は，患者21名，死者3名で原因食品は西ドイツ産キャビアと推定されました。1984（昭和59）年には熊本県名産の「辛子れんこん」の真空包装されたお土産で患者36名，死者11名を出す広域大規模食中毒が発生しました。辛子粉が原因汚染源とみられましたが，製造工程での熟成および加熱不十分，真空包装などの諸条件が重なったためと考えられました。

特徴

土の中では芽胞で生きる

ボツリヌス菌は，土壌や海，湖，川などの泥砂中に広く分布し，産生する毒素の抗原性の違いによりA～G型の7種類に分類されます。本菌の毒素型は地域によって特徴があり，発生する食中毒と関連が深く，ヒトの食中毒はおもにA，B，E型菌によって起きています。わが国ではE型菌による食中毒が特に多く，次いでA型菌，B型菌の順で散発しています。CおよびD型菌によるボツリヌス症はウマ，ミンク，鳥類などで多数発生しています。FおよびG型菌による事例はまれです。

大きさは幅1,000分の0.5～2.0mm，長さ1,000分の1.6～22mm，嫌気性の桿菌で，熱に強い芽胞を形成します。A型菌芽胞は熱に強く，120℃・4分間（または100℃・6時間）以上の加熱をしなければ，完全に死滅しません。E型菌芽胞は熱に弱く，90℃・10分間で死滅します。

わが国で主要な原因となっているE型菌は，他の菌群よりも最低発育温度および発育至適温度が低いので，低温保存の食品でも注意が必要です。

● 乳児に「はちみつ」は厳禁

ボツリヌス菌による食中毒は，通常，食品中で産生された毒素を摂ることによって起こります。しかし乳児ボツリヌス症の場合は，芽胞が乳児の腸管内で発芽してボツリヌス毒素をつくり出すことによるもので，おもにA型ボツリヌス菌芽胞を摂取することで起こります。

原因となる食品としては，はちみつがあげられ，そのため1歳未満の乳児にはちみつを与えてはいけません（「乳児ボツリヌス症の予防対策について」（昭和62年10月20日付衛食第170号，衛乳第53号））。芽胞は高温に耐えるため，一般的な加熱調理では，はちみつ中の芽胞の除去は困難です。乳児ボツリヌス症が乳児特有である理由としては，1歳

乳児には決して食べさせない

未満の乳児の腸管内の常在細菌叢が成人と異なり，ボツリヌス菌の発育に適した環境となっているものと考えられています。しかし，最近の事例では，はちみつの摂取履歴がない事例もみられ，本症の予防には，はちみつ以外の飲食物における芽胞の汚染防止にも注意を払う必要があります。わが国では1986～2017年で，乳児ボツリヌス症が37例報告されています。成人でも乳児ボツリヌス症と同様に腸管内でボツリヌス菌が増殖し食中毒を起こすことがあり，成人腸管定着ボツリヌス症と呼ばれます。

感染経路  自家製の嫌気的な保存食にも注意

国内では，北海道や東北地方の海や内陸の河川，湖沼にE型ボツリヌス菌が分布しています。したがって，原因食品の多くは嫌気的な保存食品，発酵食品で，わが国では「いずし」に代表される水産物を用いた「なれずし」があげられます。自家製の海産物や，保存状態の悪いびん詰など，それに海外みやげの真空パックされた魚の燻製や，酢漬け，塩漬けなどは特に注意が必要です。

また，長期間流通する真空包装食品，缶詰，びん詰が原因となることもあります。これまでに発生した例では，自家製の野菜や果物の缶詰，輸入したキャビア，自家製のくん製，真空包装や脱酸素剤包装された辛子れんこん，ソフトチーズなどがあります。

症状・治療  脱力感から重い神経症へ

ボツリヌス食中毒は神経症状が中心ですが，毒素摂取後8

〜36時間で吐き気，おう吐，便秘などが起こります。特徴的なのは，脱力感，けん怠感，めまいを感じることです。症状が進むと物が二重に見えたり，まぶたが下がったり，言葉が出にくくなります。ときには，尿が出なくなったり，歩くこともできなくなります。発熱は無く，意識もしっかりしていますが，治療が遅れると呼吸困難などを引き起こして死亡することもあります。

神経症状があらわれる

治療の原則は，早期の抗毒素血清の投与と消化管からの毒素の排除および呼吸機能の確保です。

乳児ボツリヌス症の場合は，便秘などの消化器症状に続き，全身脱力が起きて首のすわりが悪くなります。これらの症状は長期間持続し，6週間あるいはそれ以上続くこともあります。無症状の乳児からときどきボツリヌス菌が分離されることがあり，症状の程度は非常に多様です。乳児の治療の基本は人工呼吸を含む対症療法で，原則的には抗生物質や抗毒素血清の投与は行いません。

予防  徹底した加熱処理が鉄則

ボツリヌス食中毒の多くは自家製食品により起こっています。原材料の芽胞汚染は防止できないため，食中毒予防には食品中での芽胞の発芽・増殖を抑制することが重要です。

予防のポイントは以下の通りです。

① 新鮮な材料を使用し，洗浄を十分行う。

ボツリヌス毒素は熱に弱い

② pH の調整，食塩や砂糖あるいは亜硝酸ナトリウムなどを添加して菌の増殖を抑える。

③ レトルトパウチ食品，缶詰，びん詰などは加熱処理をする(120℃・４分間またはこれと同等以上の効力のある殺菌処理)。

④ 容器包装に密封した食品のうち，pH が 4.6 を超え，かつ，水分活性が 0.94 を超え，かつ 120℃で４分間に満たない条件で殺菌し，10℃以下での保存を要するものは, 要冷蔵である旨（「要冷蔵」「10℃以下で保存してください」等）の表示が義務づけられている。このような表示がある食品は適切な温度で冷蔵保存する。

⑤ びん詰，缶詰等が膨張していたり，異臭（バター臭）がするものは廃棄する。

⑥ ボツリヌス毒素は熱に弱いので，喫食前に 80℃・20 分間あるいは煮沸・10 分間の加熱処理を行う。

11 Norovirus
ノロウイルス食中毒

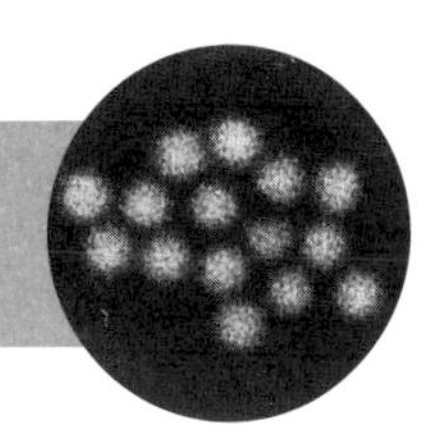

食中毒の発生件数では上位。
非常に小さく、球形をしたウイルス。
汚染された二枚貝やウイルス保有者に注意。
ヒトからヒトへと感染することがある。

ノロウイルスの特徴

●ヒトの腸管内でのみ増える

●イガ栗状の球形

●食中毒と感染症の2つの顔をもつ

汚染・感染経路

●河口付近で養殖された二枚貝や調理従事者の手を介して汚染された（糞便→手→食品）さまざまな食品

●吐物からの感染等、ヒトからヒトへの感染も多数みられる

発病までの時間・症状

● 1～2日　●吐き気、おう吐、激しい下痢、腹痛、ときに発熱

食中毒の予防ポイント

- ノロウイルス汚染のおそれがある食品（二枚貝など）は中心部まで十分に加熱（85～90℃・90秒以上）
- 下痢などの症状のある人は調理の取扱いをしない
- 手指、調理器具は十分に洗浄・消毒

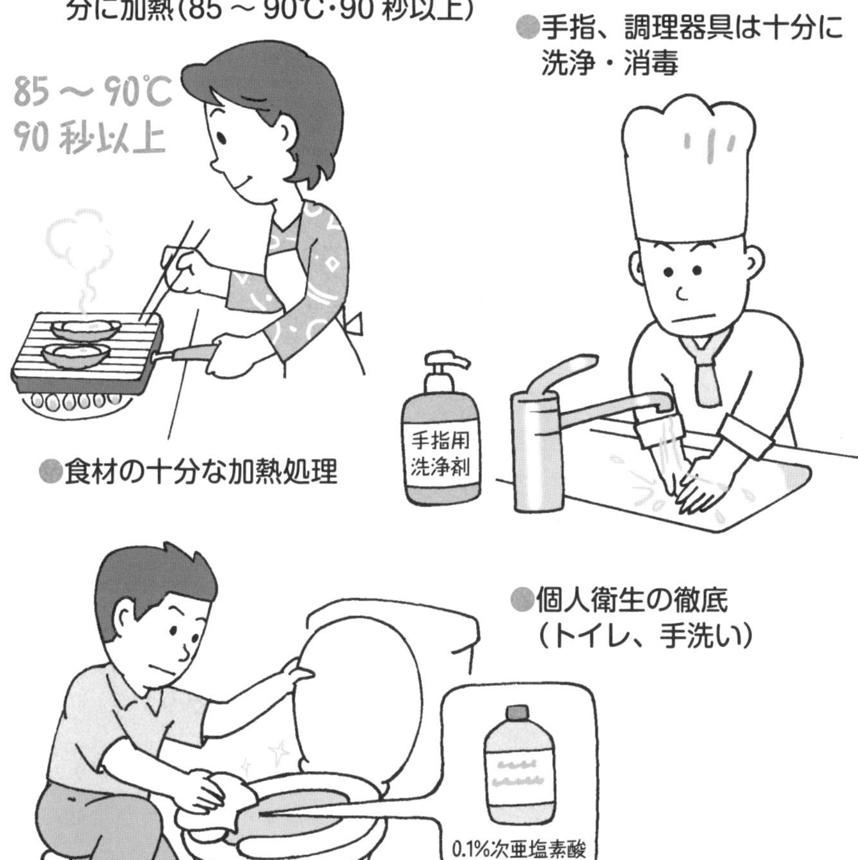

- 食材の十分な加熱処理
- 個人衛生の徹底（トイレ、手洗い）

歴史・経緯　小型球形ウイルスからノロウイルスへ

1968（昭和43）年，米国オハイオ州ノーウォーク市の小学校で集団発生した急性胃腸炎の患者の糞便から電子顕微鏡によりウイルスが証明され，発見された地名から，ノーウォークウイルスと呼ばれました。その形状がきわめて小さな球形をしていたことから，「小型球形ウイルス」の一種と考えられました。

その後，ノーウォークウイルスに似た小型球形ウイルスが次々と発見され，それらをノーウォークウイルスあるいはノーウォーク様ウイルス，あるいは総じて「小型球形ウイルス」と呼ぶようになりました。2002（平成14）年，国際ウイルス学会で正式に「ノロウイルス」と命名され，ノロウイルスに類似してはいるが遺伝子が異なる小型球形ウイルスを「サポウイルス」と呼ぶこととなりました。

わが国では，1997（平成9）年に小型球形ウイルスが食品衛生法で食中毒原因ウイルスに指定され，2003（平成15）年に厚生労働省の通知で，それまで使われていた小型球形ウイルスから，ノロウイルスに名称が改められました。なお，遺伝子検査により国内でも約50年前からノロウイルス食中毒が蔓延していたことがわかってきました。

特徴　ヒトの腸管内でしか増えない

ノロウイルスは細菌と同様に目に見えない微生物ですが，細菌よりはるかに小さく，電子顕微鏡でないと観察することができません。

非常に小さいため，ヒトの目では見えないような細かなすき間に入り込んでしまいます。つまり，ヒトの手に付着した場合は，指紋の間にも数多く入り込めることになるのです。

細菌は「栄養，水分，適当な温度」があればどこでも増えることができます。しかしウイルスは自分だけでは増える能力がなく，生きた細胞のなかに入り込んで，その細胞に自分と同じからだを作ってもらうという方法で増えます。しかもほとんどのウイルスは，この入り込める生きた細胞がなんでもよいということではなく，増殖に適した種類を特定しており，ノロウイルスの場合は，ヒトの腸管の細胞のみで増えていきます。したがって，カキなどの二枚貝の食べ物のなかや環境中では決して増えることができないのです。

ヒトの腸管のみで増殖

感染経路 

食品の二次汚染やエアゾルにも注意

ノロウイルスの感染源は，３通りあります。１つ目はカキやハマグリ等の二枚貝を生で，あるいは十分に加熱調理しないで食べた場合です。これはウイルスが二枚貝のなかで増えたのではなく，ヒトの腸管で増えたウイルスが下水などを通して海に至り，プランクトンを介して二枚貝に蓄積され，それを十分に加熱せずヒトが食べるとウイルスが腸管の細胞のなかで増え，その結果食中毒を引き起こすこととなります。

２つ目は，ノロウイルスを保有する調理従事者の便や吐物などから二次汚染された寿司，弁当，野菜サラダ，サンドイッチ，和え物，ケーキ，和菓子，パンなど，さまざまな食品を介して食中毒になります。また井戸水や簡易水道が汚染源となって集団発生する場合もあります。その原因は，井戸水や取水口の近くに設置された下水からウイルスが混入し，飲料水を汚染する場合が大半です。

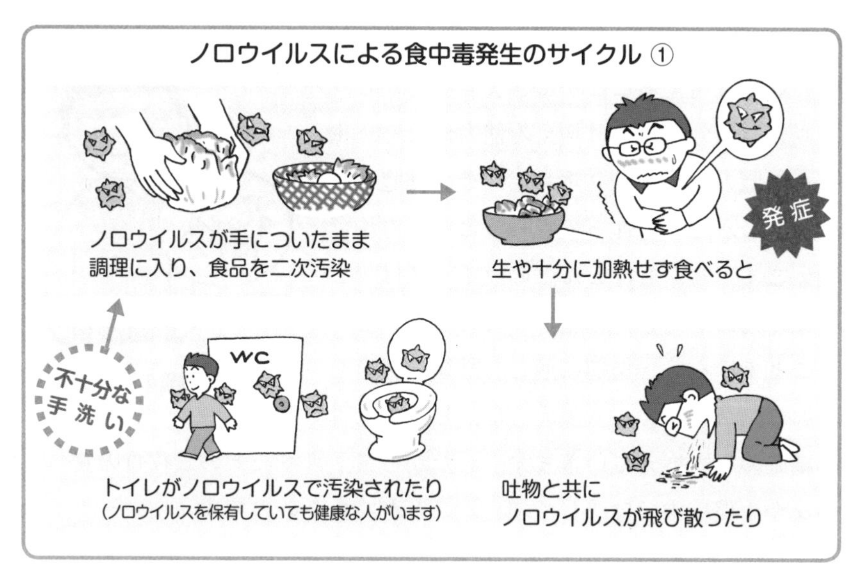

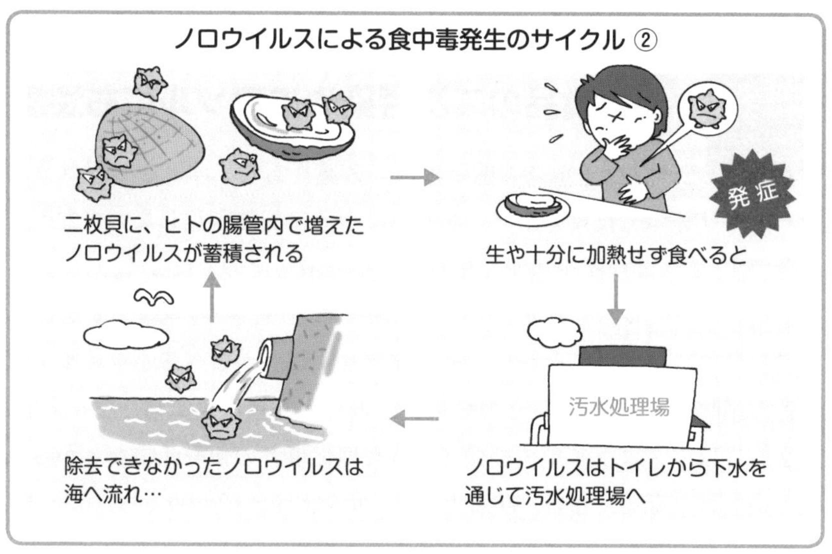

3つ目は，家庭内や学校，病院，老人ホーム，介護福祉施設などヒト同士の接触する機会が多いところです。吐物や糞便などが飛び散り，それに含まれるウイルスから直接感染する場合，あるいは手すり，ドアノ

ブ，床などに付着したウイルスが手指を介して感染します。吐物の処理が不適切であると，ホコリなどに付着したウイルスがエアゾル（空気中に広がる微粒子）となって感染します。ノロウイルスは気温の低い冬期では乾燥状態でも2ヶ月程度生存するので要注意です。

症状・治療  軽症で済むが，まれに激しい下痢も

ノロウイルスは通常1～2日の潜伏期間を経て発病します。おもな症状は吐き気，おう吐，下痢，腹痛で，ときには発熱を伴います。このような症状が1～3日続いた後治癒し，後遺症はほとんど残りません。一般的には軽症ですみますが，まれに1日に20回に及ぶ激しい下痢をすることもあり，下痢が治まった1ヶ月後でもノロウイルスが検出されることがたびたびあり，油断ができません。対症療法については，入院して点滴などの処置が必要な場合がありますが，多くはスポーツドリンクなどの飲料水を用いることで，脱水症状の改善がはかれます。

予防  食中毒予防と二次感染対策

ノロウイルスはヒトの腸管内で増え，食品中では増殖しないことから，食中毒予防の3原則「病原微生物をつけない・増やさない・やっつける」のうち「つけない・やっつける」対策が重要となります。したがって，ノロウイルスに汚染されている割合が高いカキなどの二枚貝対策や，ウイルスを「つけない」ためには，特に手洗いが重要な意味をもちます。

① 食材に対して

・調理従事者がノロウイルスを保有しないために，二枚貝の生食

を避け，加熱されているもののみを食べる。

・ノロウイルス汚染のおそれがある食品は中心部 85～90℃・90 秒以上の加熱をする。

・市場や小売店などでは二枚貝を入れておいた水や，はね水に注意。野菜などは，はね水のかからない場所に置いておく。

・食材や食品などを扱うときには，十分手を洗う。

② 調理従事者

・下痢などの消化器系症状のある人は，直接食品に接触する作業にはつかない。

・ノロウイルスに感染した従事者は，検便（遺伝子検査法等）により陰性となったことを確認してから調理作業に復帰する。

・10 月から３月の流行期間では積極的にノロウイルスの検便を受ける。

③ ヒトからヒトへの二次感染に対して

・外から戻ってきたとき，トイレのあと，作業を始める前には必ず手洗いとうがいをする。

・石けんによる水洗いは，ノロウイルスを「やっつける」ことはできないが，よく洗い流すことで「つけない」予防効果がある。

・手指の消毒はアルコール消毒も万全ではないが，効果の期待できるアルコール製剤が市販されている。

・調理場やトイレ等は次亜塩素酸ナトリウムでの消毒が効果的。

・トイレで糞便を流すときは十分な換気と，流した水がはねないようにふたをしたり，水圧を低めに調節する。

・吐物などの処理には，必ず手袋やマスクを使用し，直接手や衣服と接触しないようにする。

・吐物の消毒には，500 ～ 1,000㎎/ℓ 次亜塩素酸ナトリウム溶液を使用する。

付録 1

3 類感染症と食中毒

- コレラ
- 細菌性赤痢
- 腸チフス・パラチフス
- 腸管出血性大腸菌感染症

1998（平成 10）年に制定された「感染症の予防及び感染症の患者に対する医療に関する法律（以下「感染症法」）」ではコレラ，腸管出血性大腸菌感染症，細菌性赤痢，腸チフス，パラチフスが３類感染症に分類されています。３類感染症（患者・健康保菌者）と診断された場合，同法により飲食物に直接接触する業務に従事してはならない，就業制限があります。

これらの細菌による健康被害は手指などから感染することもあります。飲食に起因して発生した場合には食中毒として取り扱われます。

コレラ

激しい水溶性の下痢を起こす

特　徴

コレラ菌は無芽胞，運動性の通性嫌気性桿菌で，病原因子であるコレラ毒素（エンテロトキシン）を産生します。O抗原の違いにより約190種類の血清型に分類されますが，コレラ毒素を保有するのはおもにO1とO139（ベンガル型コレラ菌）です。コレラの患者は著しく減少し年間10名以内で，そのほとんどが海外旅行での感染です。

感染経路

コレラ菌に汚染された水や食物（エビなど）を介して経口感染します。ヒトからヒトへの接触による直接感染はほとんどみられません。

症状・治療

痛みを伴わない激しい水様性の下痢を起こし，重症の場合は米のとぎ汁のような白色の水様便を1日数～十数L排出します。大量の水分と電解質を失うために脱水，酸性血症を起こし意識レベルの低下が急速に進行します。

コレラが疑われる場合は，まず脱水に対する処置を行います。抗生物質の投与は下痢の早期改善と排菌期間の短縮に効果があります。

予　防

予防のポイントは以下の通りです。

① 調理従事者はコレラ流行地では生水や氷，また生水で洗浄された食品や加熱調理されていない食品の摂取を避ける。
② 胃酸が重要な防御因子であるため胃の酸度を下げるような暴飲暴食は避ける。
③ 患者の便，吐物は適切に処理を行う。
④ 手洗いの励行など個人衛生の向上。

細菌性赤痢

海外旅行での生水や氷などに注意

特　徴

赤痢菌は無芽胞，非運動性の腸内細菌科の細菌で，ヒトやサル等の霊長類のみに感染する宿主特性があり，他の動物による保菌は知られていません。細菌性赤痢による国内の発生例は年間200例ほど報告されています。このうち7割はインド，インドネシアなどアジア地域，エジプトなどへの海外旅行時の感染です。国内感染例では，しばしば食中毒として届出されています。

感染経路

患者や保菌者の糞便内の赤痢菌に汚染された手指を介して食品（国内では寿司や弁当が多い）が汚染され食中毒を起こします。現在はまれですが，井戸水などが赤痢菌に汚染され，飲料水を原因とすることもあります。なお，食中毒として届出された事例では従事者に健康保菌者がいることが多いです。

症状・治療　発熱，腹痛，血液，粘液を含む頻回の下痢が３～４日間続きます。抗菌薬として，ニューキノロン薬あるいはホスホマイシンを５日間経口投与します。

予　防　予防のポイントは以下の通りです。

① 上下水道の整備
② 個人衛生の徹底（手洗い）
③ 定期検便（通常月１回，学校給食従事者は月２回）により，赤痢菌陽性者は食品に直接触れる作業から外す。
④ 海外旅行での感染事例が多いことから，調理従事者は旅行中には生水，氷，生ものを摂取しない。不衛生な飲食店や屋台での飲食も避けること。

腸チフス・パラチフス

ヒトにのみ感染，高熱を発症

特　徴　腸チフスはチフス菌，パラチフスはパラチフスＡ菌によって起こる細菌感染症で，どちらもサルモネラ属菌に分類されています。両菌は宿主特異性があり，ヒトにのみ感染し病気を起こします。わが国を除くアジア地域，アフリカでの発生が多くみられます。国内での発生は腸チフス・パラチフスを合わせて年間100例以下で，そのほとんどが海外からの輸入事例です。

感染経路 チフス菌やパラチフスA菌を保菌したヒトの便や尿に汚染された水，食品などを摂取することによって経口感染し，食中毒として届出されます。

症状・治療 潜伏期間のあと，38℃以上の高熱が4～6日間持続します。バラ発疹，脾腫，徐脈などの症状のほか，チフス結節形成による腸壁の壊死，腸管穿孔などが起こることもあります。抗菌薬としてフルオロキノロン系剤を14日間投与します。

予　防 予防のポイントは以下の通りです。

① 治療後の検査により除菌を確実にし，無症状保菌者を出さない。
② 海外旅行での感染事例が多いことから，調理従事者は旅行中には生水，氷，生ものを摂取しない。不衛生な飲食店や屋台での飲食も避けること。
③ 調理従事者の定期検便

腸管出血性大腸菌感染症

本書**4**腸管出血性大腸菌食中毒（O157を中心に）の項（p.23）を参照してください。

付録 2

食品媒介寄生虫

- **クドア**
- **サルコシスティス**
- **アニサキス**

ここでは 2013（平成 25）年から食中毒として届出されるクドア，サルコシスティス，アニサキスの３種の寄生虫について紹介します。

その他に，食中毒を起こす寄生虫には塩素耐性のクリプトスポリジウム（飲料水），旋毛虫（トリヒナ）（豚，クマ），旋尾線虫（ホタルイカ）などがときどき報告されています。米国では野菜や果物などを原因食品とするサイクロスポーラ食中毒が毎年数例報告されており，2018 年には野菜サラダにより 500 名以上の患者が発生しました。

【寄生虫】

寄生虫による食中毒を予防するには，食材中の寄生虫の特徴を理解したうえで最適な方法を考えることが必要です。

食材中の寄生虫には，以下の特徴があります。

◎加工，調理された食材中では増殖しない

◎毒素を産生することはない

◎筋肉や内臓中に寄生することが多い

◎非常に少数の寄生でも感染が成立する

これらをふまえると，食材を「十分に洗浄する」「十分に加熱する」「一定の条件で冷凍する」ことで寄生虫による食中毒は予防が可能です。

クドア

夏場に多発？　魚介類の取扱いに注意

2000（平成 12）年頃から西日本を中心に病因物質不明の有症事例としてヒラメの生食（さしみ）による食中毒様症状が問題化し，発生数の増加と全国拡大の実態が明らかとなりました。その後全国調査の結果，特定されたのがクドアの一種であるクドア・セプテンプンクタータ（原因となる寄生虫の名称，以下クドア）でした。これを受けて，2011（平成 23）年 6 月に厚生労働省より食中毒防止対策として，クドアによるヒラメ食中毒に関する通知が出されました。

なお，クドア食中毒の発生は冬から春に少なく，夏場に増加するという季節性がみられます。

特　徴

クドアは約 10μm（マイクロメートルと読む，10μm は 0.01mm と同じ長さ）ほどの寄生虫で，粘液胞子虫類に分類されます。生活環については，まだ全容が解明されていません。

粘液胞子虫は魚から魚への感染を起こさないとされ，クドアについても陽性の魚から別の魚が直接に感染することはないとされています。またクドアがヒトの腸管内で増殖することはなく，クドアを生きたまま摂食しないかぎり，食中毒の症状を起こさないと考えられています。

症　状

食後数時間（短い場合は 1 時間程度）で一過性の激しい下痢，おう吐などの症状を起こし発熱もみられます。症状は軽症で，1 日程度で回復します。

原因となる食品

ヒラメのさしみが原因です。メジマグロやタイなどの魚種のさしみでも類似の症状が出ることもあり，原因となる寄生虫の研究が進んでいます。

予　防

凍結（－ 15℃から－ 20℃で 4 時間以上）または加熱（中心温度 75℃・5 分以上）により病原性を示さなくなることが確認されています。

サルコシスティス

馬肉の生食に注意！

2000（平成 12）年以降，馬肉の生食（馬刺し）による食中毒が，先述のクドアと同様に，病因物質不明の有症事例として扱われていました。患者は熊本県を中心とした馬肉食の習慣がある九州地方に多く，福島県など東日本にも発生がみられ，国内での馬の生産地域と重なっています。

発生数も増加し，そして原因としてサルコシスティス･フェイヤー（原因となる寄生虫名称，以下サルコシスティス）が特定されたことで，食中毒防止対策として 2011（平成 23）年６月 に通知が出されました。

特　徴

サルコシスティスは体長が約 16 μm の胞子虫類の原虫です。サルコシスティスが生活環を維持して増殖するにはウマとイヌ科の２種類の動物が必要と考えられています。サルコシスティスがサルコシストとして寄生したウマの筋肉をイヌが食べると，イヌの腸管内でウマに感染する能力をもつオーシストが形成され糞便と共に排泄されます。オーシストに汚染された草や水を介してウマが再び感染すると，筋肉内でサルコシストが形成されます。

この感染したウマの筋肉をヒトが食べることで発症しますが，ヒトの腸管内で発育，増殖することはないと考えられています。

症　状

食後数時間程度で急性の激しい下痢，おう吐などの症状を起こしますが，一過性であり１日程度で回復します。

原因となる食品　冷凍不十分な生食用馬肉（馬刺し）や，加熱不十分な馬肉が原因食材となります。なお，生の原虫を多量に摂取しなければ発症にはいたらないと考えられています。

予　防　加熱処理の場合は，中心まで熱がとおるよう十分加熱してください。凍結処理では，－20℃（中心温度）で48時間以上，－30℃（同）で36時間以上，－40℃（同）で18時間以上とされています。

アニサキス

わさび・酢などは効果なし！

日本では，魚介類を寿司やさしみなど生で食べる習慣があるためアニサキス症の発生が多く，年間に推定7,000人以上のアニサキスによる食中毒が発生しているとされています。

アニサキス食中毒の届出は年々増加していますが，その要因として，

- 昔であれば冷凍して輸送していたものが輸送体系，保管技術の向上により，生で輸送されるようになり生食が普及したこと
- 医療機関におけるアニサキス食中毒の診断技術が高度化したこと

などが考えられます。

特　徴

アニサキスは体長２～３㎝の線虫類で，肉眼で観察できます。白色でときに赤みを帯びた虫体もあり，少し太い糸状でリング状に丸まることもある形態です。

アニサキスの幼虫が寄生している魚介類をクジラやイルカなどの海洋哺乳類が食べ，体内で成虫になり卵を産みます。その卵が糞とともに海水中に放出されてふ化し，オキアミなどに食べられ，体内で幼虫が成長します。このオキアミを海産魚やイカなどの魚介類が食べると，幼虫がおもに内臓に寄生し，筋肉へも移行します。それをヒトが生で食べると感染します。

アニサキスの生活環

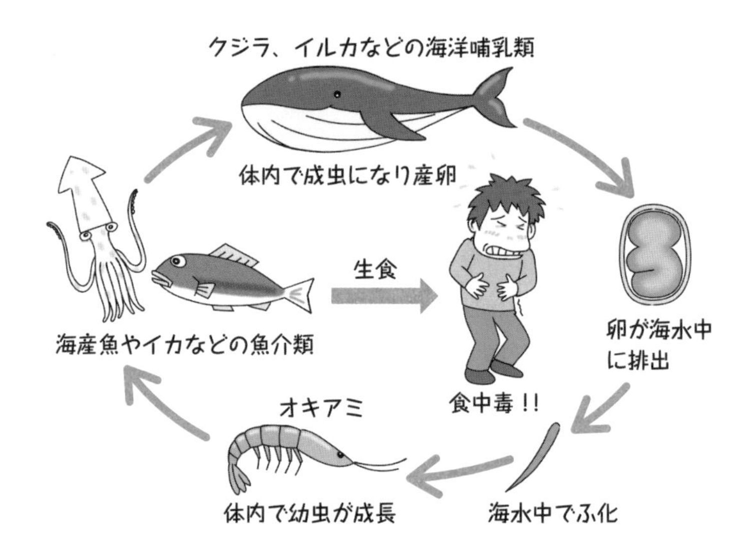

症　状

胃アニサキス症

アニサキスの幼虫が胃に穿入することで起きます。魚介類を生食または生に近い状態で喫食後１～８時間，遅くても36時間以内で激しい腹痛，悪心，おう吐をもって発症します（虫体１匹の穿入で発症することも多い)。治療としては，胃カメラで胃壁に穿入しているアニサキス虫体を観察しながら，鉗子で虫体を取り除きます。

腸アニサキス症・消化管外アニサキス症

幼虫が腸に穿入し，激しい腹痛，腹膜炎症状が起きます。きわめてまれに，幼虫が胃や腸を通り抜けて腸間膜や肝臓などヒトの体のなかに入り込み肉芽腫を形成することもあります。

アレルギー症状

広く知られていませんが，アニサキスが原因でアレルギー様の症状（じんま疹）が出た症例もあります。

原因となる食品

感染源となる魚介類は，日本近海で漁獲されるもので150種を超えます。なかでも，サバが感染源になることがもっとも多く，この他アジやイワシ，イカ，サンマなどがあげられます。

予　防

十分な加熱調理（60℃・１分間以上，70℃以上の加熱で感染性を失う）をすることがもっとも効果的な予防法です。生食をする場合でも，冷凍すれば−20℃で24時間以上で虫体は死滅します。しかし一般的な料理で使う程度の醤油，塩，わさび，酢の量や濃度，処理時間ではアニサキス幼虫は死にません。

加熱や冷凍以外の方法として，新鮮なうちに魚介類の内臓を除去し，十分に洗浄することで感染する確率を下げることが期待できます。

用語解説

桿　菌	かんきん	棒状の形をしている細菌（例：腸炎ビブリオ，サルモネラ，大腸菌，ボツリヌス菌）
球　菌	きゅうきん	丸い形をしている細菌（例：ブドウ球菌）
らせん菌	らせんきん	スクリューのようならせん状の形をした細菌（例：カンピロバクター）
好塩菌	こうえんきん	塩分を好む菌，塩分がないと発育できない菌（例：腸炎ビブリオ）
好気性菌	こうきせいきん	空気を好む菌（例：セレウス菌）
嫌気性菌	けんきせいきん	空気を嫌う菌（例：ボツリヌス菌，ウエルシュ菌）
常在細菌(常在菌叢)	じょうざいさいきん（じょうざいきんそう）	ふだんヒトの体内にいて，病気を起こさずヒトと共存共栄しながら生き続ける菌
芽　胞	がほう	菌が栄養や温度などの環境が悪い状態に置かれたときに形成する。熱や消毒等に抵抗する
鞭毛（繊毛）	べんもう（せんもう）	菌のまわりにある細い毛のようなもので，これを動かして移動（運動）することができる
感染型食中毒	かんせんがた しょくちゅうどく	食品中で増殖した病原菌が経口感染することで，食中毒を起こす場合をいう
毒素型食中毒	どくそがた しょくちゅうどく	病原菌が食品中で増殖する際に原因物質となる毒素が蓄積され，本毒素により食中毒を起こす場合をいう。一般的に感染型よりも発症するまでの時間が短い
経口感染	けいこうかんせん	感染した動物の肉や糞便で汚染された水などを口にいれることで，感染すること
二次汚染	にじおせん	調理人や原材料についた菌が手指等を介して，菌がついていない食べ物を汚染すること
健康保菌者	けんこうほきんしゃ	病原菌に感染しても，発病しないこと。自覚のないまま菌を排出し続けることがあるので注意
感染症	かんせんしょう	細菌，ウイルス，寄生虫などの病原体が体内に侵入し定着して病気を起こすこと
人獣共通感染症（動物由来感染症）	じんじゅうきょうつうかんせんしょう（どうぶつゆらいかんせんしょう）	ヒトと動物に共通して罹る病気（例：ブルセラ属菌，炭疽菌）

［監　修］
獣医学博士
伊 藤　武　　一般財団法人 東京顕微鏡院　食と環境の科学センター　学術顧問

改訂 わかりやすい 細菌性・ウイルス性 食中毒

正しい知識＆徹底予防で
食中毒 ゼロ

2010年6月10日　初版発行
2011年11月1日　第2刷発行
2015年8月25日　第2版発行
2017年6月9日　第2版2刷発行
2018年7月26日　第2版3刷発行
2019年7月19日　第2版4刷発行
2020年1月30日　改訂第1版発行
2024年2月15日　改訂第1版2刷発行

定 価：660円（税込）

監修者：伊藤　武
発行人：塚脇　一政
発行所：公益社団法人日本食品衛生協会
〒111－0042
東京都台東区寿4－15－7　食品衛生センター
TEL 03－5830－8806（普及課）
03－5830－8807（制作課）
FAX 03－5830－8810
E-mail　fukyuuka@jfha.or.jp（普及課）
hensyuuka@jfha.or.jp（制作課）
https://www.n-shokuei.jp/
イラスト：上野　曙美，佐藤　正
印刷所：大日本印刷株式会社

ISBN 978-4-88925-109-8　C1045